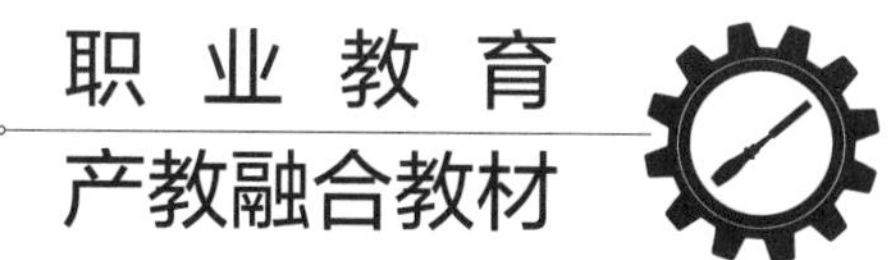

钳工基础技能实训

胡兴旺　雷　睿　于　海　主编

QIANGONG
JICHU JINENG
SHIXUN

化学工业出版社
·北京·

内容简介

本书参照国家职业技能鉴定钳工中级标准编写，主要内容包括钳工基础、钳工基本技能、钳工综合实践操作等。全书内容由浅入深、由易到难，注重技能训练的方法及技巧。钳工综合实践操作部分有详细的操作步骤和评分标准。

本书可作为高职、技工学校、中等职业学校机械制造专业、机电一体化专业、数控技术专业、模具专业的教材和企业职工培训教材。

图书在版编目（CIP）数据

钳工基础技能实训 / 胡兴旺，雷睿，于海主编.
北京：化学工业出版社，2025. 2. --（职业教育产教融合教材）. -- ISBN 978-7-122-46961-8

Ⅰ. TG9

中国国家版本馆 CIP 数据核字第 2025KW4944 号

责任编辑：潘新文　　装帧设计：刘丽华
责任校对：王鹏飞

出版发行：化学工业出版社
(北京市东城区青年湖南街 13 号　邮政编码 100011)
印　　装：河北延风印务有限公司
787mm×1092mm　1/16　印张 9¼　字数 213 千字
2025 年 3 月北京第 1 版第 1 次印刷

购书咨询：010-64518888　　售后服务：010-64518899
网　　址：http://www.cip.com.cn
凡购买本书，如有缺损质量问题，本社销售中心负责调换。

定　　价：46.00 元

前言

随着现代制造技术的不断发展以及新的国家标准和行业标准相继颁布实施，现代机械制造业对钳工提出了更新、更高的要求，钳工的分工越来越细，工作范围也越来越广，相应地对职业院校相关专业教学改革提出了新的要求，相关专业学生不仅要熟练掌握钳工的基本技能，而且要了解各项技能之间的技术依赖关系。为适应行业发展，满足职业院校、技工学校的钳工实训教学的需求，我们结合国家职业技能鉴定钳工中级标准编写了本教材。

本书采用国家最新技术标准，理论与实践相结合，力求反映钳工岗位的现状特征和发展趋势，尽可能多地引入新技术、新方法、新工艺，使教材更加科学、规范。本书由三个部分组成：第一部分内容为钳工基础，包含钳工简介、钳工常用设备和常用工具量具的使用等；第二部分内容为钳工基本技能，包含划线、锯削、锉削、錾削、孔加工、螺纹加工、刮削、研磨、矫正、弯曲与铆接等；第三部分内容为钳工综合实践操作，包含鸭嘴锤的制作、俄罗斯方块的制作、台虎钳的拆装、圆柱齿轮减速器的拆装等。全书内容由浅入深、由易到难，注重技能训练的方法及技巧。

本书特点如下：

（1）以应用、实用为主旨特征构建实训教学的内容体系。

（2）本书图文并茂，内容实用，文字精练，通俗易懂，配有二维码教学资源。采用项目任务方式，指导学员运用专业知识和技能完成钳工实训任务。学员可由浅入深，逐步掌握钳工的基本操作技能及相关的工艺知识，并学会用举一反三的方法去分析问题、解决问题。

本书由胡兴旺、雷睿、于海主编，刘江彩任副主编，刘健男、宋广舒、韩世河、虞国强参编。本书可作为高职、技工学校、中等职业学校机械制造专业、机电一体化专业、数控技术专业、模具专业的教材和企业职工培训教材。

本书编写过程中，得到了兄弟院校的大力支持，在此一并致以衷心的感谢！由于编者水平有限，书中疏漏和不当之处在所难免，敬请读者批评指正！

编者

2024.11

前言

目录

本书教学资源

钻削基础知识

1

项目一

钳工基础

实训 1 认识钳工

一、钳工的主要工作内容

机械制造的全部生产过程是按照一定的顺序进行的。从原材料的准备开始，直至最后装配成完整的产品，具体包括生产的准备工作、制订生产计划、毛坯制造（铸造、锻造、焊接）、零件加工、热处理、产品装配以及涂漆、包装等。

机械制造通常有车工、铣工、磨工、电焊工、钳工等多个工种。钳工是使用手工工具和一些机动工具（如钻床、砂轮机等）对工件进行加工或对部件、整机进行装配的工种，是机械制造中不可缺少的一个工种。钳工的工作范围很广，任何机械设备的制造都要经过装配才能完成，任何机械设备发生故障需进行检修，设备运行一段时间后均需维护，这些工作正是钳工的主要任务。钳工大多使用手工方法加工，通常在台虎钳上进行操作。目前采用机械方法不太适宜或无法完成的某些工作，常由钳工来完成。随着工业生产的日益发展，钳工的工作范围越来越广泛，需要掌握的理论知识和操作技能也越来越复杂，因此钳工的专业化分工也越来越细，以适应不同岗位需求。按工作内容及性质，钳工大致可分为普通钳工、机修钳工、工具钳工 3 类。

1. 普通钳工

普通钳工是指使用钳工工具、钻床等按技术要求对工件进行加工、修整、装配的工种。

2. 机修钳工

机修钳工是指使用工具、量具及辅助设备，对各类设备进行安装、调试和维修的工种。

3. 工具钳工

工具钳工是指使用钳工工具及设备对工具、量具、辅具、验具、模具进行制造、装配、检验和修理的工种。

无论哪一种钳工，要完成本职任务，首先应掌握好钳工的各项基本操作技能，包括划线、锯削、錾削（凿削）、锉削、钻孔、扩孔、铰孔、攻螺纹（套螺纹）、刮削、研磨、矫正、弯曲、铆接，以及简单的热处理等操作技术，进而掌握零部件和产品的装配、机器设备的安装调试和维修等技能。

二、钳工实训场地简介

钳工实训设备主要有钳工台、台虎钳、砂轮机、各种钻床等。钳工多在钳工台上用手工工具对工件进行加工。手工操作的特点是技术性强，加工质量的好坏主要取决于操作者技术水平的高低，它的工作范围较广，具有多面性和灵活性的特点，机械产品的装配、调试、安装和维修等都需要钳工。所以钳工是机械制造中应用最广泛的工种之一。图 1-1 所示为某校钳工实训场地一角。

图 1-1 钳工实训场地一角

三、钳工实训工量具配置

序号	设备名称	主要技术参数	数量	单位
1	钳工工作台	1600mm×750mm×800mm	1	台
2	台虎钳	5in	1	台
3	划线平台(板)	300mm×400mm	1	块
4	钢锯架	300mm	1	把
5	圆锉刀	8in、12in	1	套
6	半圆锉刀	8in、12in	1	套
7	扁锉刀	8in、12in	1	套
8	方锉刀	8in、12in	1	套
9	三角锉刀	8in、12in	1	套

续表

序号	设备名称	主要技术参数	数量	单位
10	榔头	450g	1	把
11	划规	6in	1	把
12	宽座直角尺	200mm×125mm	1	把
13	钢直尺	150mm	1	把
14	划针(钨钢头)	120mm	1	支
15	内外卡钳	6in	1	套
16	三角刮刀	6in	1	把
17	平面刮刀	450mm	1	把
18	油石	—	1	块
19	錾子	—	1	套
20	什锦锉	—	1	套
21	钢锯条	粗齿、中齿、细齿	1	套
22	活动扳手	8in	1	把
23	钢丝钳	8in	1	把
24	一字螺丝刀	4in	1	把
25	十字螺丝刀	4in	1	把
26	呆扳手	8in、10in、14in	1	套
27	铁皮剪刀	—	1	把
28	丝锥	M6、M8、M10、M12	1	套
29	圆板牙	M6、M8、M10、M12	1	套
30	丝攻扳手	—	1	把
31	板牙扳手	—	1	把
32	尖嘴钳	6in	1	把
33	铜丝刷	—	1	把
34	V形铁	100mm×80mm	1	个
35	量块	—	83	块
36	百分表	0.01mm	1	个
37	刃口尺	100mm	1	个
38	直角尺	300mm	1	个
39	红丹粉	—	1	盒
40	R规	R7-14.5,R15-25	1	套
41	塞尺	—	1	套
42	游标高度划线卡尺	—	1	套
43	万用角度尺	—	1	套
44	游标卡尺	—	1	套

续表

序号	设备名称	主要技术参数	数量	单位
45	千分尺		1	套
46	护目镜	—	1	套
47	蓝油	—	1	套
48	薄铜皮	—	1	套
49	工具箱	—	1	套

注：1in＝25.4mm。

四、钳工工作场地的合理组织

合理组织和安排好钳工工作场地，是保证产品质量和安全生产的一项重要措施。

1. 合理布局主要设备

钳工工作台应安放在光线适宜、工作方便的地方。面对面使用钳工工作台时，应在两个工作台中间安置安全网。砂轮机、钻床应设置在场地的边缘，尤其是砂轮机一定要安装在安全、可靠的位置。

2. 正确摆放毛坯和工件

毛坯和工件要分别摆放整齐，并尽量放在工件搁架上，以免磕碰。

3. 合理摆放工具、夹具和量具

常用工具、夹具和量具应放在工作位置附近，方便取用，不应任意堆放，以免损坏。工具、夹具和量具用后应及时清理、维护和保养，并妥善放置。

五、安全文明生产要求

（1）主要设备的布局要合理适当。

（2）使用的机床、工具（如钻床、砂轮机、手电钻等）要经常检查。若发现损坏或故障，应及时报修，且在修好前不得使用。

（3）在使用电动工具时，要有绝缘防护和安全接地措施；在使用手砂轮时，要戴好防护眼镜；在钳工桌上进行錾削时，要有防护网；在清除切屑时，要用刷子，不得直接用手或棉丝清除，更不能用嘴吹。

（4）毛坯和已加工零件应放置在规定位置，且排列整齐、平稳。要保证安全，且便于取放，还要避免碰伤已加工过的工件表面。

（5）工具、量具的安放应满足下列要求：

① 在钳台上工作时，工具、量具应按顺序排列整齐。一般为了取用方便，右手取用的工具放在台虎钳的右侧，左手取用的工具放在左侧，量具放在台虎钳的右前方。也可以根据加工情况把常用工具放在台虎钳的右侧，其余的放在左侧。不管如何放置，工具、量具不能超出钳台的边沿，以防止活动钳身的手柄在旋转时碰倒或掉落而发生事故。

② 量具不能与工具或工件混放在一起，而应放在量具盒上或放在专用的板架上。

③ 工具要摆放整齐，以方便取用，且不能乱放，更不能叠放。工具、量具要整齐地放在工具箱内，并有固定的位置，且不得任意堆放，以防损坏和取用不便。

④ 量具在每天使用完毕后，应擦拭干净，并做一定的保养后放在专用的盒内。

⑤ 工作场地应保持整洁、卫生。当工作完毕后，使用过的设备和工具都应按要求进行清理或涂油，工作场地要清扫干净，铁屑、铁块、垃圾等要分别倒在指定的位置。

六、“6S”管理

1.“6S”管理的含义

“6S”管理是优化现场管理的主要方法之一。“6S”管理是生产现场整理（Seiri）、整顿（Seiton）、清扫（Seiso）、清洁（Seiketsu）、素养（Shitsuke）、安全（Security）六项活动的统称。“6S”管理相当于我国工厂里开展的文明生产活动。一是生产文明化或科学化，其对立面是粗放式生产，不讲科学，单凭经验组织生产；二是指在生产现场的管理中，要使生产现场保持良好的生产环境和生产秩序，其对立面是不文明生产，生产现场“脏、乱、差”，管道到处“跑、冒、滴、漏”等。

2.“6S”管理的内容

整理——将工作场所的任何物品区分为有必要和没有必要的，除了有必要的留下来，其他的都清除掉。目的：腾出空间，空间活用，防止误用，创造清爽的工作场所。

整顿——把留下来的必要的物品依规定位置摆放，放置整齐加以标识。目的：工作场所一目了然，减少寻找物品的时间，营造整整齐齐的工作环境，消除过多的积压物品。

清扫——将工作场所内看得见与看不见的地方清扫干净，保持工作场所干净、亮丽的环境。目的：稳定品质，减少工业伤害。

清洁——将整理、整顿、清扫进行到底，并且制度化，经常保持环境处在美观的状态。

目的：创造明朗现场，维持前面的“3S”成果。

素养——每位成员养成良好的习惯，遵守规则做事，培养积极主动的精神。目的：培养具有良好习惯、遵守规则的员工，营造团队精神。

安全——重视成员安全教育，每时每刻都有安全第一观念，防患于未然。目的：建立起安全生产的环境，所有的工作应建立在安全的前提下。

实训 2　钳工常用设备的使用

一、钳台

钳台也称钳工桌，它是钳工操作的专用桌子，可以用来安装台虎钳、放置工具和工件等。钳台由木材或钢材制成，其高度为 800～900mm，台面厚约 60mm。钳台下面一般设有工具柜，用来存放工具。如图 1-2 所示。

图 1-2　钳台

二、台虎钳

台虎钳是用来夹持工件的通用夹具，常用的有固定式和回转式两种，如图 1-3 所示。

活动钳身 3 通过导轨与固定钳身 5 的导轨做滑动配合。丝杠 1 装在活动钳身 3 上，虽可以旋转，但不能轴向移动，并与安装在固定钳身 5 内的螺母 6 配合。只要摇动手柄 11 使丝杠旋转，就可以带动活动钳身 3 相对于固定钳身 5 做轴向移动，以起夹紧或放松的作用。弹簧 2 借助挡圈 10 和开口销固定在丝杠 1 上，其作用是当放松丝杠时，可使活动钳身 3 及时地退出。在固定钳身和活动钳身上各装有钢制钳口 4，并被螺钉固定。在钳口的工作面上有交叉的网纹，以使工件被夹紧后不易产生滑动。钳口经过热处理淬硬，所以具有较好的耐磨性。固定钳身装在转座 9 上，并能绕转座的轴心线转动。当转到所要求的方向时，扳动夹紧

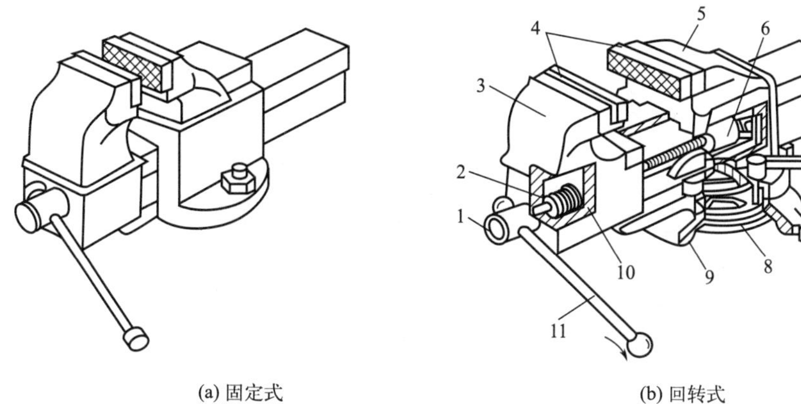

(a) 固定式　　(b) 回转式

图 1-3　台虎钳的结构

1—丝杠；2—弹簧；3—活动钳身；4—钳口；5—固定钳身；6—螺母；7—夹紧手柄；8—夹紧盘；9—转座；10—挡圈；11—手柄

手柄 7 使夹紧螺钉旋紧，便可在夹紧盘 8 的作用下把固定钳身 5 固紧。在转座 9 上有 3 个螺栓孔，用以与钳工桌固定。台虎钳的规格以钳口的宽度表示，有 75mm、100mm、125mm、150mm、200mm、250mm、300mm 几种规格。

台虎钳的正确使用与维护方法如下：

① 台虎钳安装应使固定钳身的钳口工作面处于钳台边缘之外，台虎钳安装在钳台上的高度应恰好与人的手肘相齐。

② 台虎钳必须牢固地固定在钳台上。

③ 夹紧工件时必须靠手的力量来扳动手柄，不可锤击或随意加套管来扳动手柄。

④ 强力作业时，应尽量使力量朝向固定钳身，不要在活动钳身的光滑平面上进行敲击作业。

⑤ 台虎钳各滑动配合表面上要经常加油润滑并保持清洁，以防止生锈。

三、砂轮机

砂轮机（如图 1-4）可以用来刃磨钻头、錾子、刮刀及各种刀具，也可用来磨去工件或材料上的毛刺、锐边、氧化皮等。由于砂轮的质地硬而脆，且工作时的转速较高，因此使用砂轮时应严格遵守安全操作规程，工作时应注意以下几点：

① 砂轮的旋转方向应正确，使磨屑向下方飞离砂轮。

② 启动后，待砂轮旋转正常后再进行磨削。

③ 磨削时要防止刀具或工件对砂轮产生剧烈的撞击，避免施加过大的压力。砂轮表面跳动严重时，应及时用修整器修理。

④ 砂轮机的搁架与砂轮间的距离一般应保持在 3mm 以内，否则容易造成磨削件被轧入而导致砂轮破碎的事故。

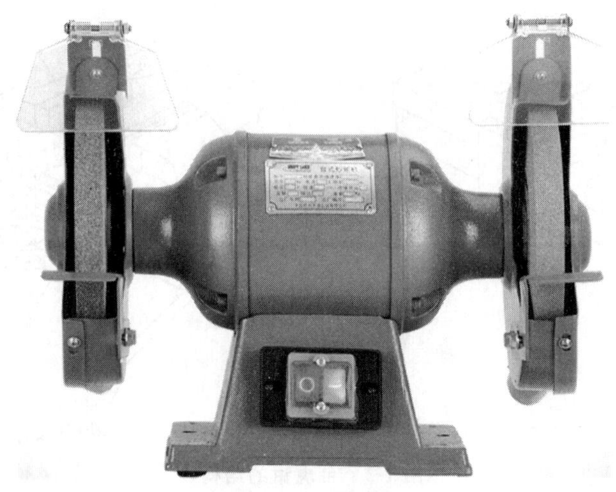

图 1-4 砂轮机

⑤ 操作者尽量不要站在砂轮对面，而应站在砂轮侧面或斜侧位置，与砂轮平面形成一定的角度。

四、钻床

钻床是一种常用的孔加工机床。在钻床上可装夹钻头、扩孔钻、锪钻、铰刀、镗刀、丝锥等刀具，用来进行钻孔、扩孔、锪孔、铰孔、镗孔以及攻螺纹等工作。因此，钻床是钳工使用的主要设备。

根据钻床的结构和适用范围不同，可将其分为台式钻床（简称台钻）、立式钻床（简称立钻）和摇臂钻床三种。

1. 台式钻床

台式钻床是一种可放在台子上或专用的架子上使用的小型钻床，其最大钻孔直径一般在 ϕ12mm 以下。台式钻床的主轴转速很高，常用 V 型皮带传动，由多级塔式皮带轮来变换转速。有些台式钻床也采用机械式无级变速机构。小型高速台式钻床的电动机转子直接安装在主轴上。台式钻床的主轴一般只能手动进给，且具有控制钻孔深度的装置，如刻度盘、刻度尺、定程装置等。钻孔后，主轴能在弹簧的作用下自动复位。Z512 台式钻床是钳工常用的一种钻床，如图 1-5 所示。

Z5140 立式钻床是钳工常用的一种钻床。如图 1-6 所示，它主要由底座、床身、电动机、主轴变速箱、进给变速箱、主轴和工作台等零部件组成。

2. 立式钻床

立式钻床安放在钳工工作场地边缘方便操作之处，其最大钻孔直径有 ϕ25mm、

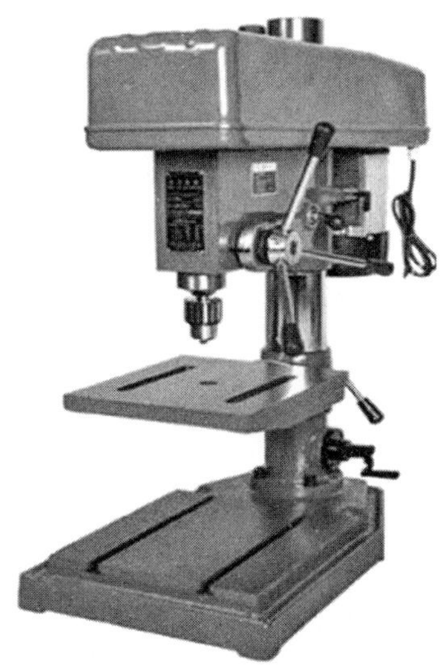

图 1-5　Z512 台式钻床

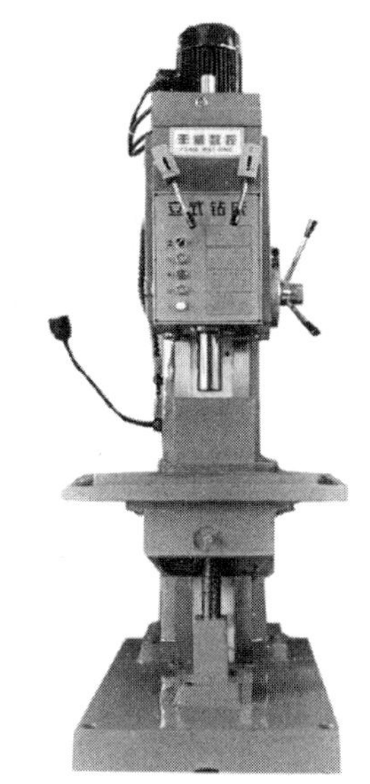

图 1-6　Z5140 立式钻床

ϕ35mm、ϕ40mm 和 ϕ50mm 等几种，一般用来加工中型工件。立式钻床一般具有自动进给功能。由于它的功率及结构强度较高，所以加工时允许采用较大的切削用量。

3. 摇臂钻床

摇臂钻床需要安放在具有较大活动空间的地方，应考虑摇臂旋转半径以满足钻大型工件的需要，并且还要考虑与工作场地的起重设备相结合，以满足工件的起吊、运输、翻转的需要。摇臂钻床适用于单件、小批和中批生产的中等件、大件以及多孔件的加工，如钻孔、扩孔、铰孔、锪孔、铣平面及攻螺纹等。由于它是靠移动主轴来对准工件上孔的中心的，所以使用时比立式钻床更方便。摇臂钻床的主轴变速箱能在摇臂上做较大范围的移动，摇臂能绕立柱中心做 360°回转，并可沿立柱上下移动，因此它能在很大范围内工作。摇臂钻床的主轴转速范围和走刀量范围比较宽，因此工作时可获得较高的生产率和加工精度。目前，我国生产的摇臂钻床规格较多，其中 Z3040 摇臂钻床是在制造业中应用比较广泛的一种，如图 1-7 所示，其最大钻孔直径为 $\phi 40$mm。

图 1-7　Z3040 摇臂钻床

实训 3 钳工常用工具的使用

一、手锤

手锤（如图 1-8）是用来敲击的工具，有金属锤子和非金属锤子两种。常用金属锤子有钢锤和铜锤两种；常用非金属锤子有塑胶锤、橡胶锤和木锤等。锤子的规格以其重量表示。

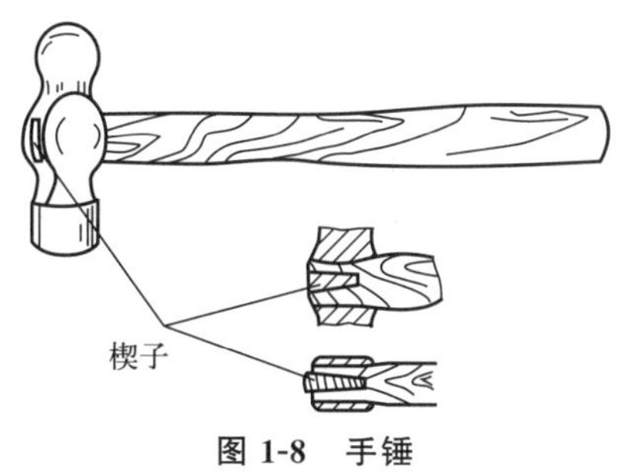

图 1-8 手锤

使用注意事项：

（1）精制工件表面或硬化处理后的工件表面，应使用软面锤，以避免损伤工件表面。

（2）锤子使用前应仔细检查锤头与锤柄是否紧密连接，以免造成锤头与锤柄脱离的意外事故。

（3）应根据工作性质，合理选择锤子的材质、规格和形状。锤头边缘若有毛边，应及时磨除，以避免伤害工件及操作人员。

二、螺钉旋具

螺钉旋具（如图 1-9）主要作用是旋紧或松退螺纹连接。常见的类型有一字形、十字形和双弯头形。

使用注意事项：

（1）根据螺钉头的槽宽选用合适的旋具，大小不合适的旋具无法承受旋转力矩且易损伤钉槽。

（2）不可将旋具当作錾子、杠杆或划线工具使用。

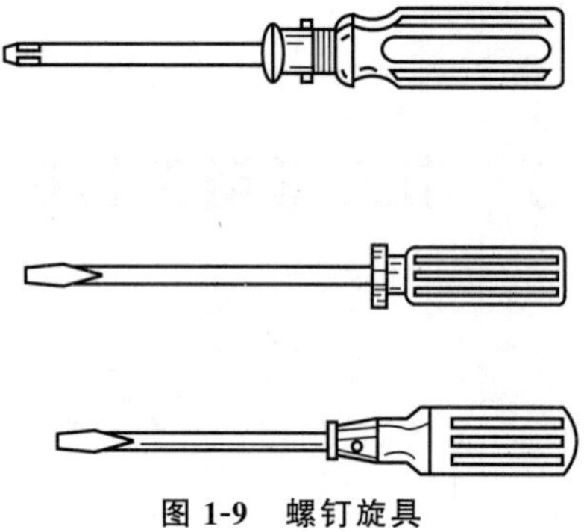

图 1-9 螺钉旋具

三、扳手

1. 呆扳手

呆扳手（如图 1-10）主要作用是旋紧或松退螺栓或螺母。常见的类型有单口扳手、梅花扳手、梅花开口扳手及开口扳手等，其规格以钳口开口的宽度表示。

2. 活扳手

活扳手（如图 1-11）的开口尺寸在一定的范围内可自由调整，用来旋紧或松退不同规格的螺栓和螺母，其规格以扳手全长尺寸表示。

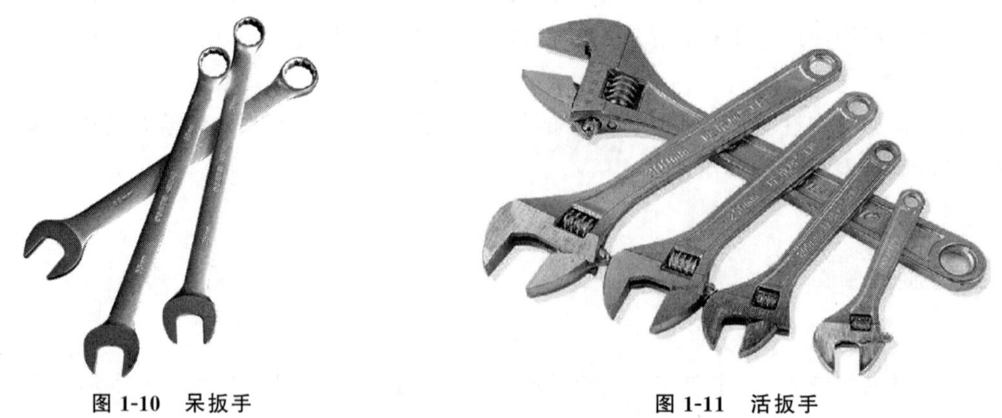

图 1-10 呆扳手　　图 1-11 活扳手

3. 管子钳

管子钳（如图 1-12）常用于旋紧或松退螺纹圆管和磨损的螺母或螺栓，其钳口有条状齿，规格以扳手全长尺寸表示。

图 1-12　管子钳

4. 特殊扳手

特殊扳手为了某些特殊要求而设计的，常见类型有六角扳手（如图 1-13）、T 形夹头扳子（如图 1-14）、面扳手及扭力扳手等。

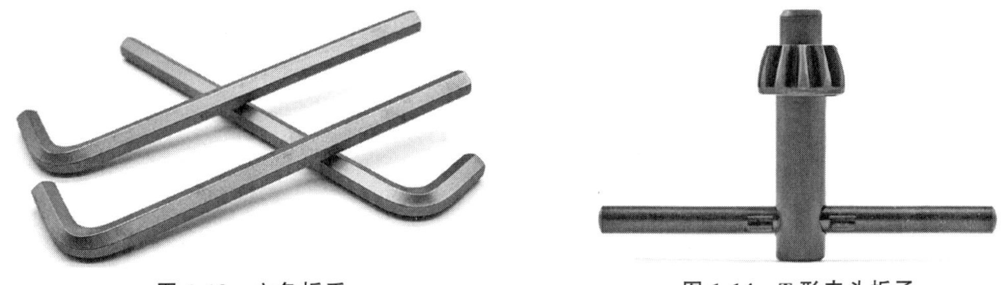

图 1-13　六角扳手　　图 1-14　T 形夹头扳子

扳手的使用注意事项：

（1）根据工作性质选用合适的扳手，尽量使用呆扳手，少用活扳手。

（2）各种扳手的钳口宽度与扳手长度有一定的比例，故不可加套管或用不正确的方法延长扳手的长度来增加使用时的扭力。

（3）使用呆扳手时，根据螺母宽度选用合适钳口宽度的扳手，以免损伤螺母。

（4）使用活扳手时，应使扳手向活动钳口方向旋转，使固定钳口承受主力。

（5）扳手钳口若有损伤，应及时更换，以保证安全。

四、手钳

1. 夹持用手钳

夹持用手钳（如图 1-15）作用是夹持材料或工件。

2. 夹持剪断用手钳

夹持剪断用手钳（如图 1-16）主要是用来剪断钢丝、电线等小型物件。常见的类型有侧剪钳和尖嘴钳。

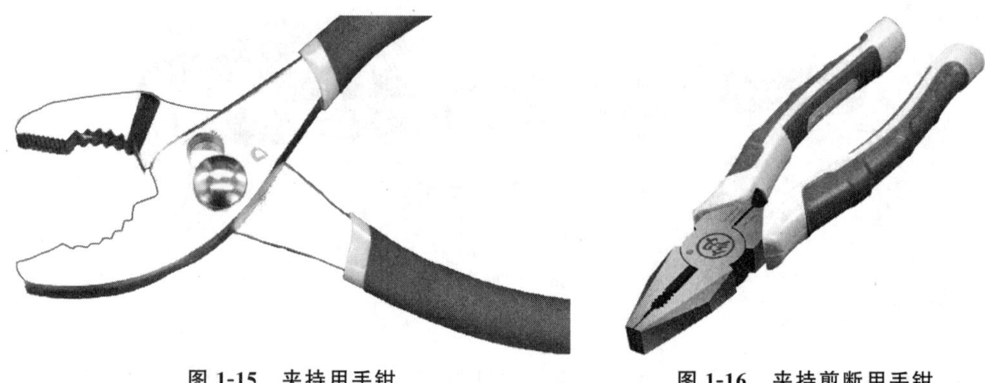

图 1-15 夹持用手钳

图 1-16 夹持剪断用手钳

3. 卡簧钳

卡簧钳（如图 1-17）主要作用是装拆弹性挡圈，分为轴用钳和孔用钳。

4. 特殊手钳

特殊手钳主要有用来剪切薄板、钢丝、电线的斜口钳（如图 1-18），剥电线外皮的剥皮钳，夹持扁物的扁嘴钳及夹持大型筒件的链管钳等。

图 1-17 卡簧钳

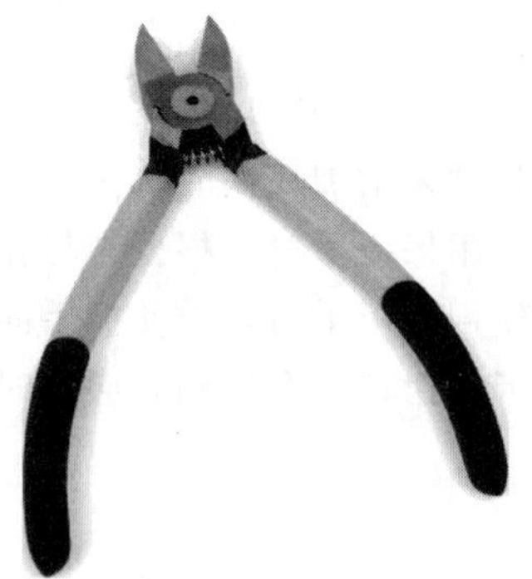

图 1-18 斜口钳

使用注意事项：

（1）手钳不可当锤子或旋具使用。

（2）侧剪手钳、斜口钳只可剪切细的金属线或薄的金属板。

（3）应根据工作性质正确选用手钳。

实训 4　钳工常用量具的使用与维护

一、钢直尺

钢直尺（如图 1-19）是用来测量和划线的最简单的长度量具，一般用来测量毛坯或尺寸精度不高的工件。常用钢直尺按长度分为 150mm、300mm、500mm、1000mm 四种规格。

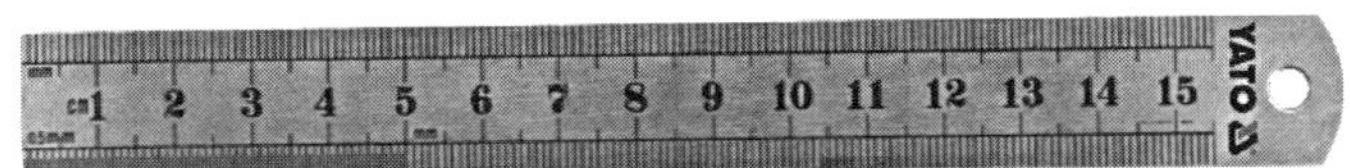

图 1-19　钢直尺

二、卡钳

卡钳是一种间接测量的简单量具，不能直接显示测量数值，必须与钢直尺或其他能直接显示测量数值的量具配合使用。卡钳分为外卡钳（如图 1-20）和内卡钳（如图 1-21）两类，分别又有简易型和弹簧型两种。外卡钳用于测量圆柱体的外径或物体的长度，内卡钳用于测量圆柱孔的内径或槽宽。

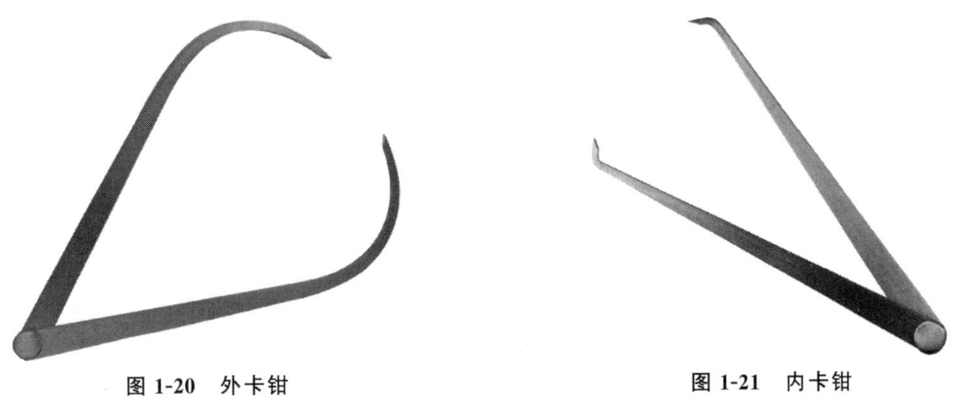

图 1-20　外卡钳

图 1-21　内卡钳

用外卡钳测量两表面间的距离时，要使两钳脚测量面的连线垂直于测量面，不加外力，靠外卡钳自重滑过两表面，这时外卡钳开口尺寸就是两表面间的距离值。

用内卡钳测量孔的直径时，要使两钳脚测量面的连线垂直并相交于内孔轴线，测量时一个钳脚靠在孔壁上，另一个钳脚由孔口略偏里面一些逐渐向外测试，并沿孔壁的圆周方向摆动，当摆动的距离最小时，内卡钳的开口尺寸就是内孔直径。

三、刀口尺

1. 刀口尺的结构

刀口尺又称刀形样板平尺，是用来检验工件平面的直线度和平面度的量具，其结构如图 1-22 所示。

2. 刀口尺的使用

检测时，刀口尺的测量面要轻轻地置于被测表面，尺身要垂直于工件被测表面，且在被测表面的纵向、横向、对角方向多处逐一进行检测，每个方向上至少要检测三处，以确定各方向的直线度误差。视线要与尺身垂直，对着亮光处通过眼睛观察测量面与工件被测表面的透光情况，从而估计其间隙。透光越弱，间隙量就越小，误差值也越小。

四、宽座角尺

宽座角尺（如图 1-23）是用来在划线时划垂直线及平行线的导向工具，同时可用来校正工件在划线平板上的垂直位置，并可检查两垂直面的垂直度或单个平面的平面度。通常用铸铁、钢或花岗岩制成。其精度等级分为 0 级、1 级、2 级三种。

图 1-22 刀口尺

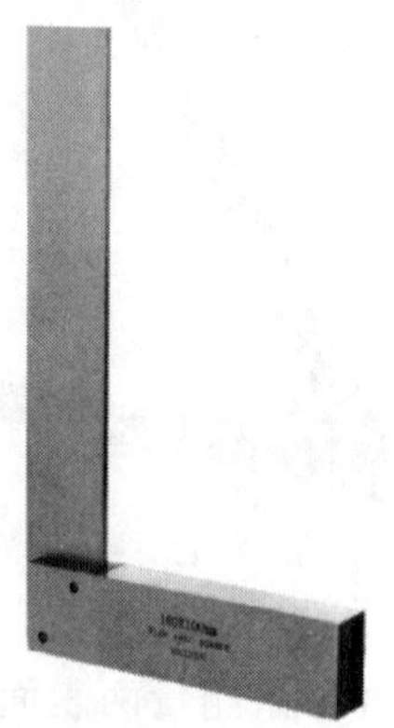

图 1-23 宽座角尺

五、游标卡尺

1. 游标卡尺的种类

游标卡尺是利用游标原理对两测量面相对移动分隔的距离进行读数的测量器具，具有结构简单、使用方便、测量精度中等和测量范围大等特点，可以用于测量零件的外径、内径、长度、宽度、厚度、深度和孔距等，应用范围很广。

常见的游标卡尺的种类有普通游标卡尺、带表游标卡尺、数显游标卡尺三种，如图 1-24 所示。其中，普通游标卡尺有 0.01mm、0.02mm 和 0.05mm 三种精度。

2. 游标卡尺的基本结构

游标卡尺由外测量爪、内测量爪、紧固螺钉、主尺、游标尺和深度尺等组成，其结构如图 1-24 所示。

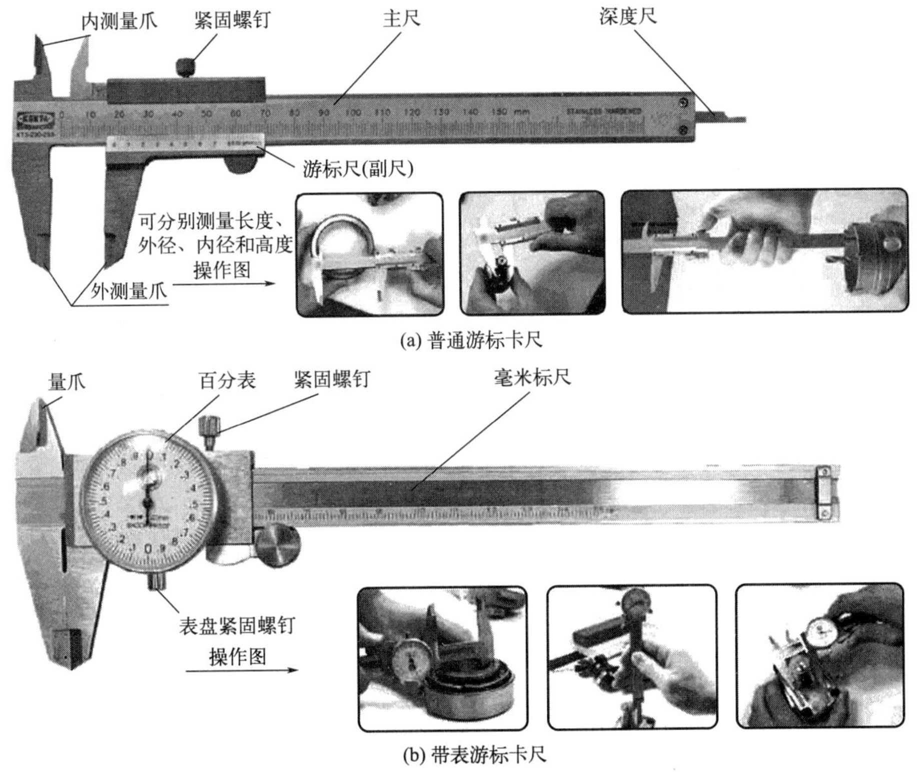

(a) 普通游标卡尺

(b) 带表游标卡尺

图 1-24

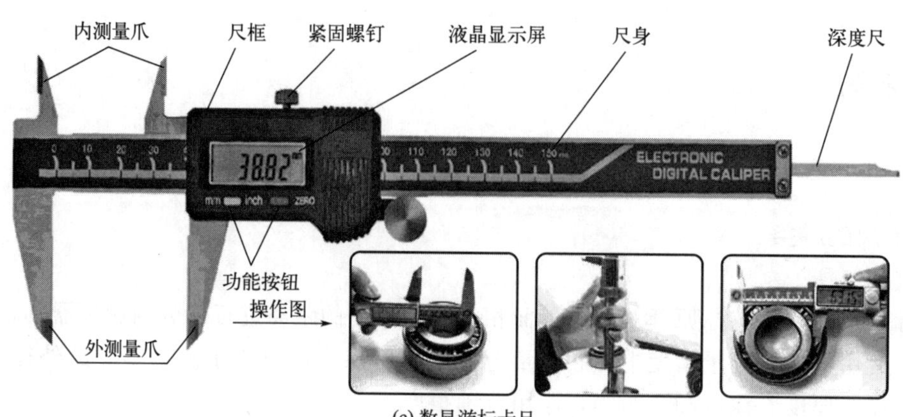

(c) 数显游标卡尺

图 1-24　游标卡尺的种类

3. 游标卡尺的读数

使用普通游标卡尺进行测量时，应按照以下方法读数。

(1) 看游标尺零刻线的左边，读出尺身上最靠近的一条刻线的整毫米数。

(2) 看游标尺零线的右边，从游标尺上找到与尺身刻线对齐的刻线，其刻线数与精度的乘积就是不足 1mm 的小数部分。

(3) 将读出的整毫米数与小数部分相加，得出卡尺的测得尺寸。

例如：如图 1-25(a) 所示为精度 0.02mm 的游标卡尺，该卡尺的读数为：

$$27\text{mm}+47\times0.02\text{mm}=27.94\text{mm};$$

如图 1-25(b) 所示为精度 0.05mm 的游标卡尺，该卡尺的读数为：

$$60\text{mm}+1\times0.05\text{mm}=60.05\text{mm}。$$

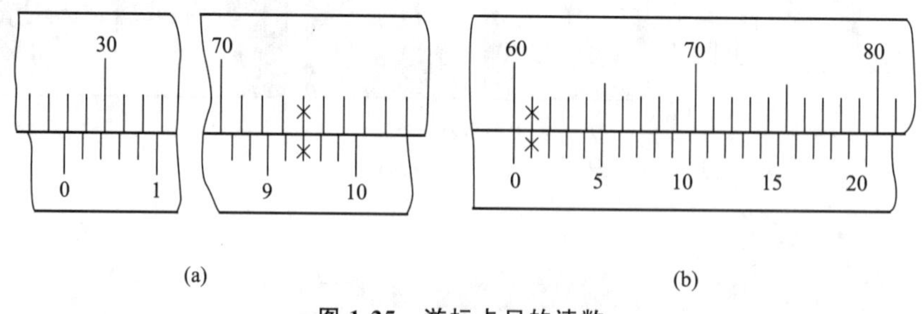

图 1-25　游标卡尺的读数

4. 游标卡尺的使用方法

普通游标卡尺使用注意事项：

(1) 测量前，应先将测量爪的测量面擦拭干净，然后合并测量爪，检查游标零线与尺身零线是否对齐。若两者未对齐，应根据原始误差修正测量读数。

（2）测量时，应先将工件擦净，卡尺测量爪的测量面必须与零件的表面平行或垂直。测量爪与零件表面不垂直或在测量时用力过大，会造成量爪的变形或磨损，从而影响到测量的精度。

（3）工件外尺寸的测量如图 1-26 所示，具体步骤如下：

① 将尺框向右拉，使外测量爪张开到比被测尺寸稍大的位置。

② 将卡尺的固定测量爪靠在工件的被测表面上然后慢慢推动尺框，使活动测量爪轻轻地接触到工件的被测表面。

③ 慢慢摆动活动测量爪，找出尺寸最小的部位。

④ 拧紧紧固螺钉，读出读数。

⑤ 读数之后，要先松开紧固螺钉，把活动测量爪移开，再从被测工件上取下卡尺。在活动测量爪还没移开之前，不允许从工件上猛力拉下卡尺。在测量时，最好使用靠近尺身的平测量面，尽量避免使用量爪头部的刀口形测量面。

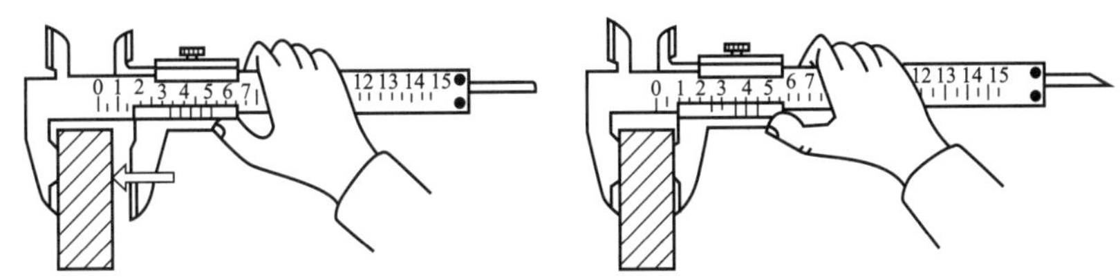

图 1-26　用游标卡尺测量工件外尺寸

（4）工件内尺寸的测量如图 1-27 所示，具体步骤如下。

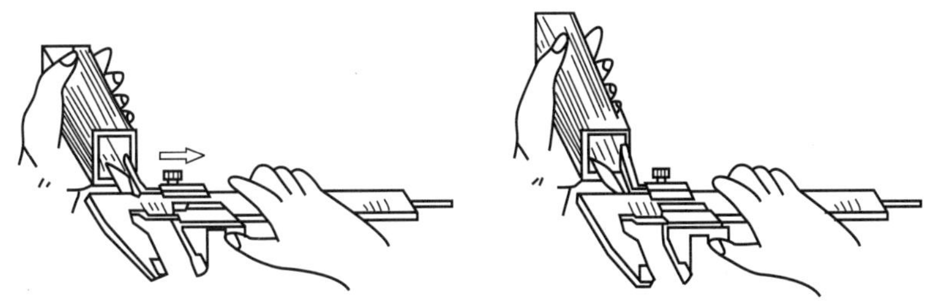

图 1-27　用游标卡尺测量工件内尺寸

① 将卡尺的内量爪张开到比被测尺寸稍小的位置。

② 将卡尺的固定测量爪靠在工件的孔或沟槽侧壁上然后慢慢拉动尺框，使活动测量爪沿着直径方向轻轻接触到被测孔或沟槽的侧壁。

③ 慢慢摆动活动测量爪找出最大尺寸部位。

④ 拧紧紧固螺钉，读出数值。

（5）在测量工件的深度尺寸时，应先将尺身的下端面靠紧被测工件的上表面，然后用拇指拨动深度尺，使其端部轻轻接触到被测表面，读出数值，如图 1-28 所示。测量深度的另一种方式是将深度尺的端部靠紧被测工件的被测表面，然后将尺身的下端面推至与被测工件上表面刚好接触的位置，读出数值，如图 1-29 所示。

（6）在测量时，应注意测量力的大小。

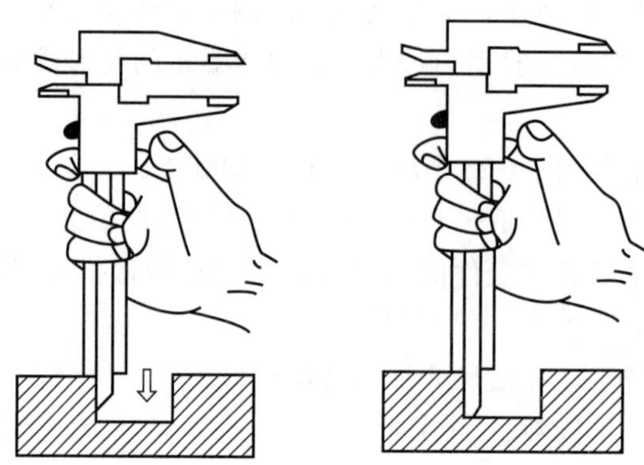

图 1-28 测量深度尺寸的方法一

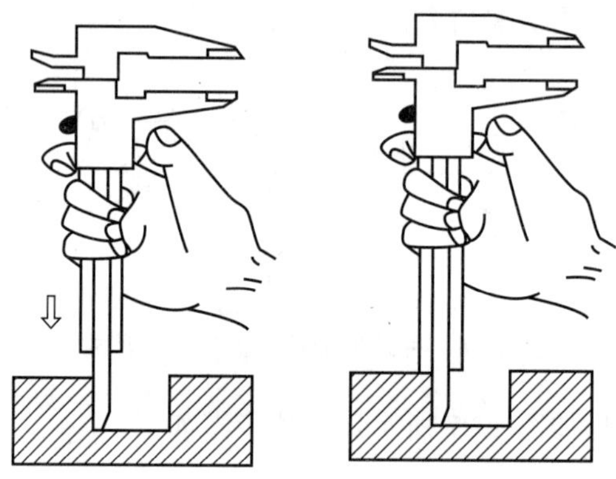

图 1-29 测量深度尺寸的方法二

（7）读数时，眼睛要正对刻度线，否则读出的数值是不够准确的。

（8）为使测量结果更为准确，同一个工件的同一个尺寸应反复测量，然后将测得的结果取平均值。

5. 游标卡尺的维护与保养

使用游标卡尺，除了要遵守测量器具维护保养的一般事项外，还要注意以下几点：

（1）不得用游标卡尺测量运动着的工件。

（2）不得用游标卡尺测量表面粗糙的工件。

（3）不得将游标卡尺的两个测量爪当螺钉扳手使用，也不得将测量爪的尖端当做划线工具或圆规使用。

（4）移动游标卡尺的尺框和微动装置时，不要忘记松开紧固螺钉。紧固螺钉不得松开过量，以免螺钉脱落丢失。

（5）游标卡尺在使用过程中要轻拿轻放，不得与锤子、扳手等工具放在一起，以防受压或因磕碰造成损伤。

（6）游标卡尺使用完毕后，应将测量爪合拢。在用干净棉丝将卡尺擦拭干净后，将其平放在盒内的固定位置。

（7）游标卡尺应放置在干燥、无腐蚀、无振动、无强磁力的地方保管。

（8）非专业人员不得自行拆卸或修理量具，不得用砂纸等硬物擦拭卡尺的任何部位。

（9）游标卡尺应按照使用合格证的要求进行周期性检定。

六、深度游标卡尺

深度游标卡尺是利用游标原理对尺框测量面和尺身测量面相对移动分隔的距离进行读数的测量器具，可用于测量阶梯孔、不通孔和槽的深度、台阶高度以及轴肩长度等如图 1-30 所示。

1. 基本结构

深度游标卡尺由尺身、紧固螺钉及尺架等部分组成，其结构如图 1-31 所示。

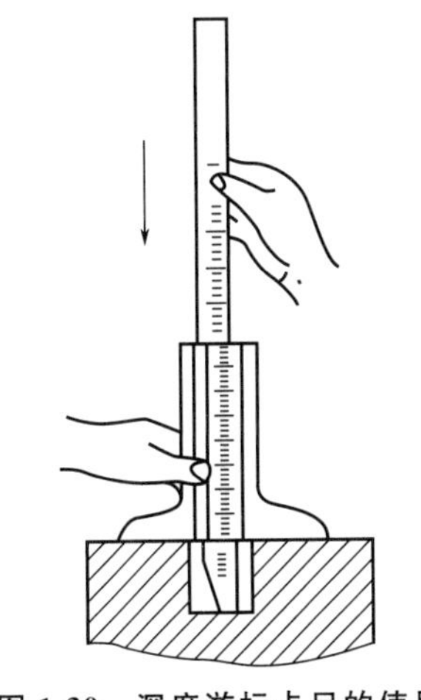

图 1-30 深度游标卡尺的使用

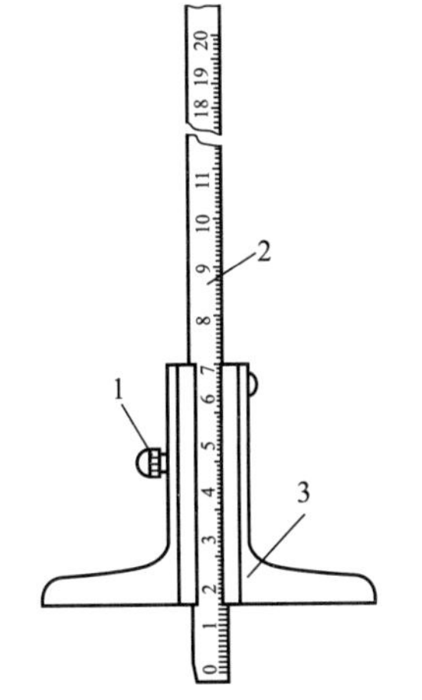

图 1-31 深度游标卡尺及其结构

1—紧固螺钉；2—尺身；3—尺架

2. 使用方法

深度游标卡尺的操作和读数方法与游标卡尺大致相同，但应注意以下几点。

（1）深度游标卡尺尺框的测量面比较大。在使用前，应检查该部位是否有毛刺、锈蚀等缺陷；要擦干净测量面和被测量面上的油污、灰尘和切屑等。

（2）深度游标卡尺的使用如图 1-30 所示，具体操作步骤如下：

① 松开紧固螺钉，将尺框测量面紧贴在被测工件的顶面上。

② 左手稍加压力，不要倾斜，右手向下轻推尺身，直到尺身下端面与被测底面接触

为止。

③ 直接读出测量尺寸或用紧固螺钉把尺身固定好再取出深度尺进行读数。

(3) 深度游标卡尺使用完毕后，要把尺身退回原位，用紧固螺钉固定住，以免脱落。

七、高度游标卡尺

高度游标卡尺是利用游标原理进行零件高度测量或精密划线的测量器具，普通高度游标卡尺如图 1-32 所示，数显高度游标卡尺如图 1-33 所示。

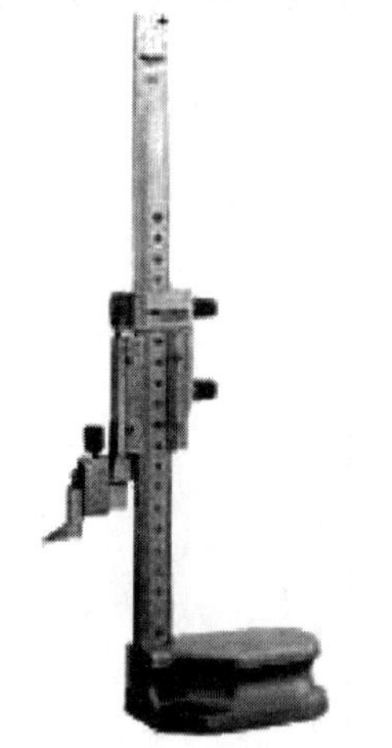

图 1-32　普通高度游标卡尺

图 1-33　数显高度游标卡尺

高度游标卡尺由底座、尺身、紧固螺钉、尺框、微动装置、划线爪及测量爪等部分组成，其结构如图 1-34 所示。在进行划线或测量前，需首先换上所需要的测量爪。图 1-35 所示为使用高度游标卡尺划线的实例。

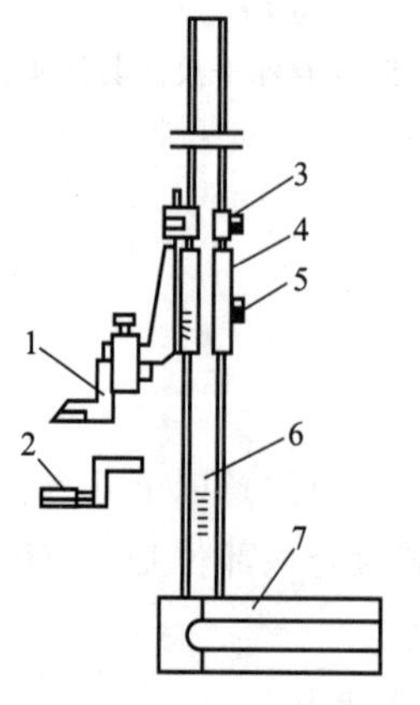

图 1-34　高度游标卡尺的结构

1—划线爪；2—测量爪；3—微动装置；4—尺框；5—紧固螺钉；6—尺身；7—底座

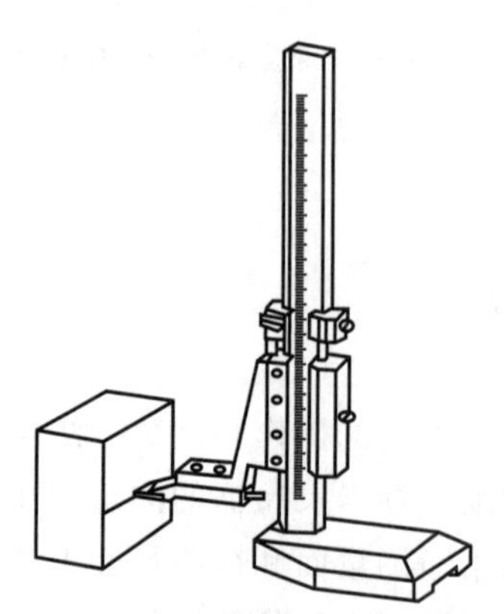

图 1-35　使用高度游标卡尺划线

八、千分尺

1. 千分尺的分类

千分尺是最常用的精密量具之一，测量精度为0.01mm。根据用途的不同，千分尺可分为外径千分尺、内径千分尺、深度千分尺、内测千分尺和螺纹千分尺等种类，较为常用的外径千分尺如图1-36所示；数显外径千分尺如图1-37所示。

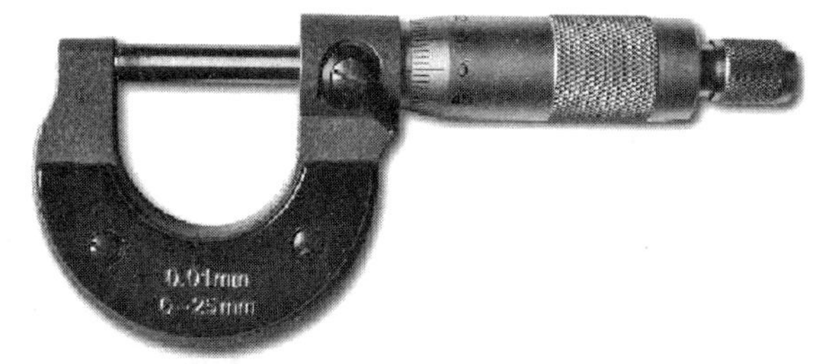

图1-36 千分尺

图1-37 数显外径千分尺

2. 千分尺的基本结构

普通外径千分尺由尺架、砧座、测微螺杆、锁紧手柄、螺纹套、固定套管、微分筒、螺母、接头、测力装置、弹簧、棘轮爪、棘轮等部分组成，测量范围包括0～25mm、25～50mm、50～75mm、75～100mm等多种规格，其结构如图1-38所示。

3. 千分尺的使用方法

（1）测量前，应先将砧座和测微螺杆的测量面擦干净，校准千分尺的零位。若零位不准，应记录误差值，以便测量时修正读数，如图1-39所示。

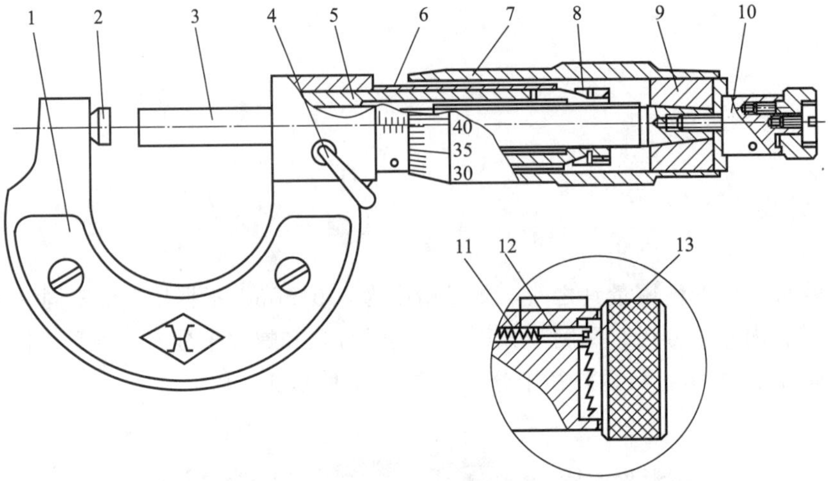

图 1-38　千分尺的结构

1—尺架；2—砧座；3—测微螺杆；4—锁紧手柄；5—螺纹套；6—固定套管；7—微分筒；8—螺母；9—接头；10—测力装置；11—弹簧；12—棘轮爪；13—棘轮

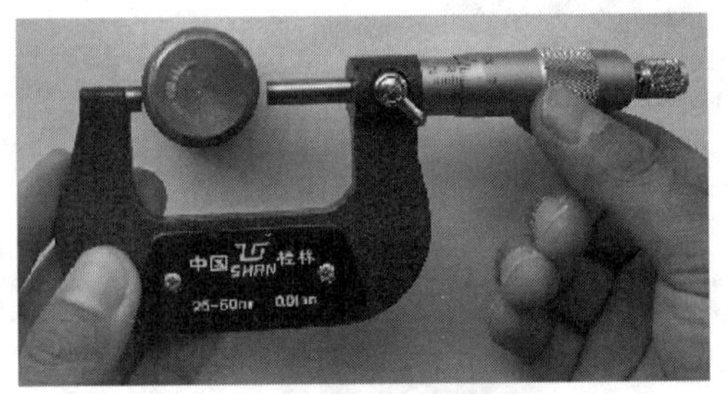

图 1-39　千分尺的使用方法

（2）测量时，应首先擦净零件。在测量过程中，既可以用单手操作，也可以用双手操作，如图 1-40 所示。

图 1-40　千分尺的使用

（3）在测微螺杆接触被测零件前，可直接转动活动套筒移动测微螺杆，当测微螺杆端面将要接触到零件时，不要继续转动活动套筒，而应改为转动手柄棘轮。当测微螺杆端面与工件接触后，棘轮打滑，发出“哒哒”声，此时，测微螺杆应停止前进。

（4）不管采用哪种方法进行测量，旋转力都应适当。在旋转棘轮时，要适当控制测量力，以免因测微螺杆把零件压得过紧而引起测微误差。

（5）读数时，眼睛要正对刻度线，否则读出的数值不够准确。

4. 千分尺的维护与保养

（1）使用前，应将测量面的油污擦拭干净。

（2）不得在千分尺的微分套筒与固定套筒之间及测微丝杆间加进酒精、煤油和机油；不得把千分尺浸泡在上述液体内。若千分尺被上述液体侵入，应立即用汽油冲洗干净。

（3）调整测量范围时，应左手握住尺身，右手转动微分筒，使测微螺杆移至所需位置；不得手握微分筒旋转、摇动千分尺，以防丝杆磨损或与测量面相撞。

（4）不得用千分尺敲击工件。机床旋转过程中，不得进行工件测量。

（5）发现千分尺有故障或示值不准确时，应立即停止使用，交专职计量人员处理。

（6）千分尺使用完毕后，要用清洁软布把切屑、切削液等杂物擦净，平放在专用盒内存放。

5. 千分尺的读数原理

微分筒有 50 格刻度，其每旋转一周轴向移动 0.5mm。那么每转一个小格移动 0.01mm，其分度值也为 0.01mm，固定套筒上刻有基准线，基准线上下侧有两排刻度线，上下两条相邻刻度线的间隔为每格 0.5mm。

6. 千分尺的读数步骤

（1）固定套筒读数：读露出刻线的整毫米和半毫米数。

（2）微分筒读数：读出与基准线对准的微分筒上格数（估读一位）×分度值

（3）测量结果＝固定套筒读数＋微分筒格读数，如图 1-41 所示。

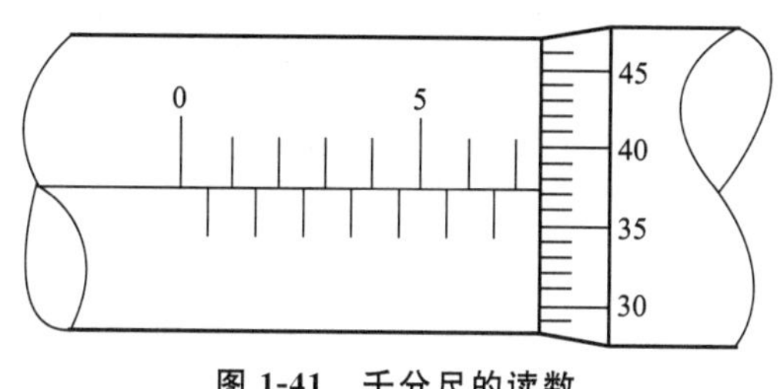

图 1-41 千分尺的读数

7. 千分尺的读数示例

如图 1-42 所示，固定套筒读数：30.5，微分筒读数：29.8×0.01＝0.298，测量结果＝固定套筒读数＋微分筒读数＝30.5＋0.298＝30.798。

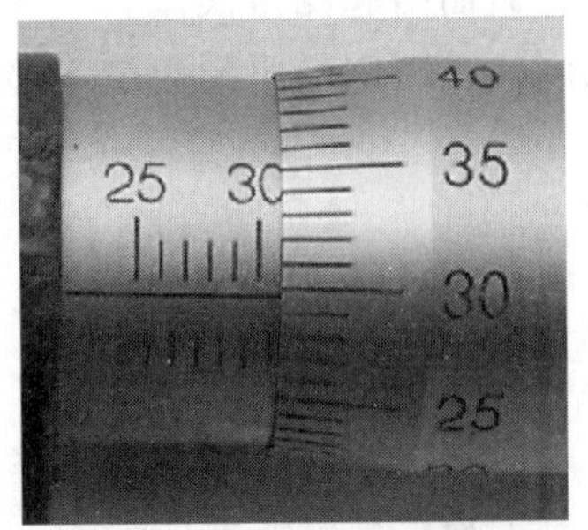

图 1-42 千分尺的使用一

如图 1-43 所示，固定套筒读数：31，微分筒读数：25.0×0.01=0.250，测量结果=固定套筒读数+微分筒读数=31+0.250=31.250。

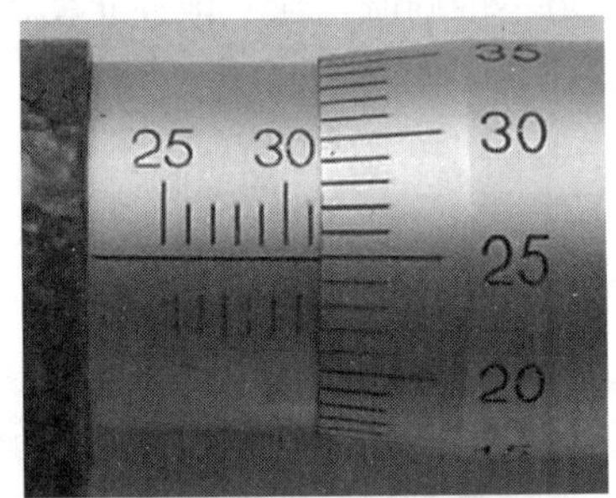

图 1-43 千分尺的使用二

如图 1-44 所示，固定套筒读数：30.5，微分筒读数：46.3×0.01=0.463，测量结果=固定套筒读数+微分筒读数=30.5+0.463=30.963。

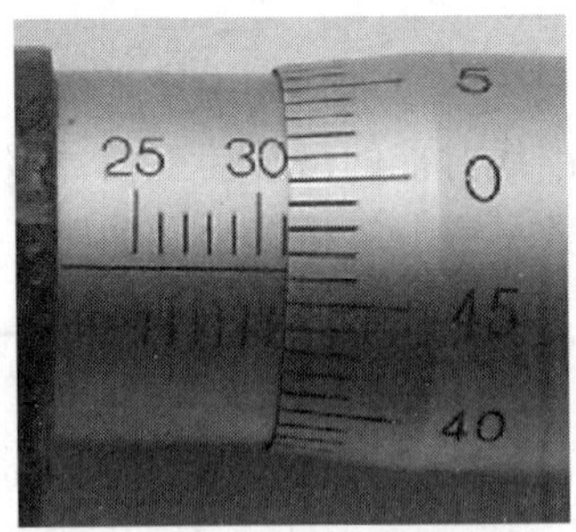

图 1-44 千分尺的使用三

注意：固定套筒刻度露出与不露出难以判断；当 0 刻度在基准线上属于没出，0 刻度在基准线下属于以出。

8. 数显千分尺的使用

图 1-45 所示为数显外径千分尺结构。图 1-46 所示为数显千分尺设定原点（校零）。图 1-47 所示为数显千分尺测量实例。

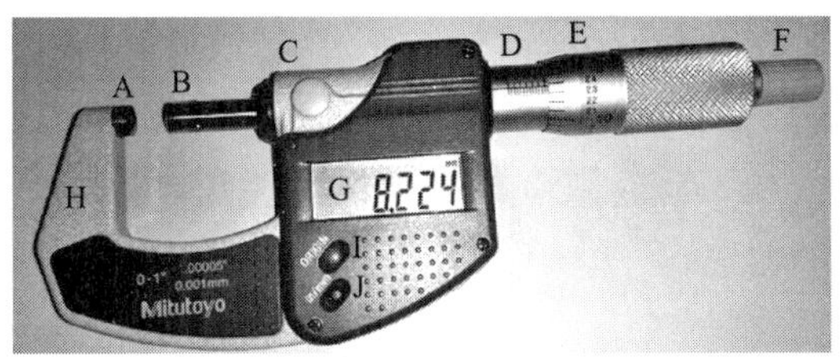

图 1-45 数显外径千分尺结构

A—测砧；B—测微螺杆；C—螺母套管；D—固定套管；E—微分筒；F—棘轮旋柄；G—液晶屏；H—尺架；I—校零按键；J—英寸/毫米切换按键

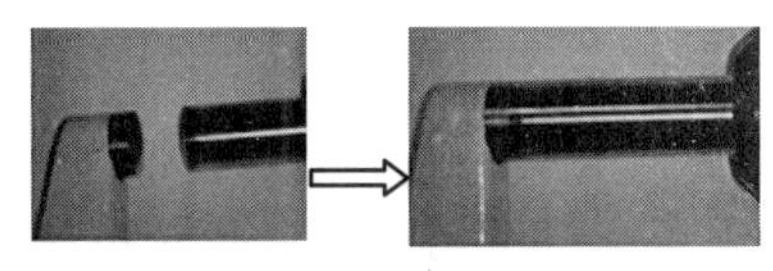

转动F使A与B轻轻接触，听到“嘀嗒”声即可

按J按钮，调至液晶屏右上角显示“mm”

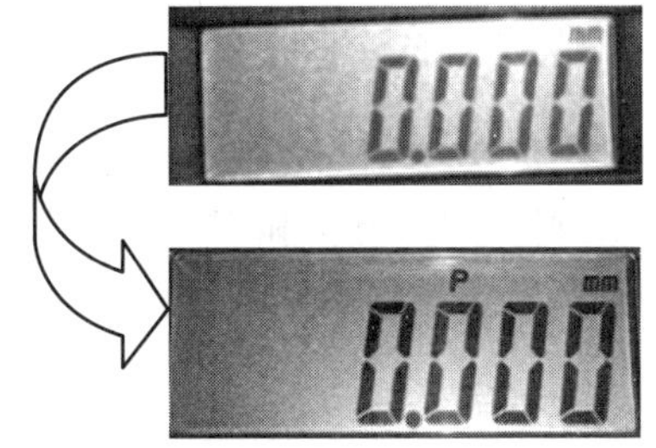

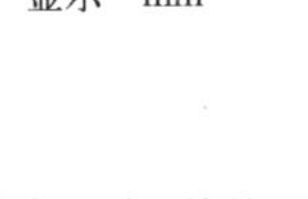

按I按钮，确认液晶屏上“P”闪烁，液晶屏显示“0.000”

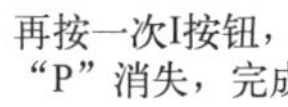

再按一次I按钮，“P”消失，完成

图 1-46 设定原点（校零）

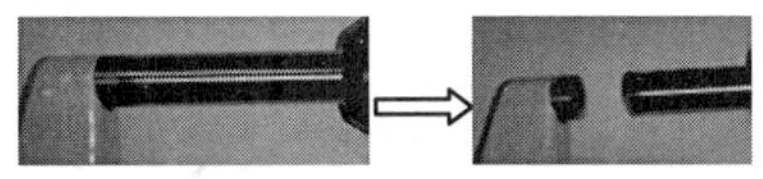

旋转棘轮装置，使测钻与测微螺杆分

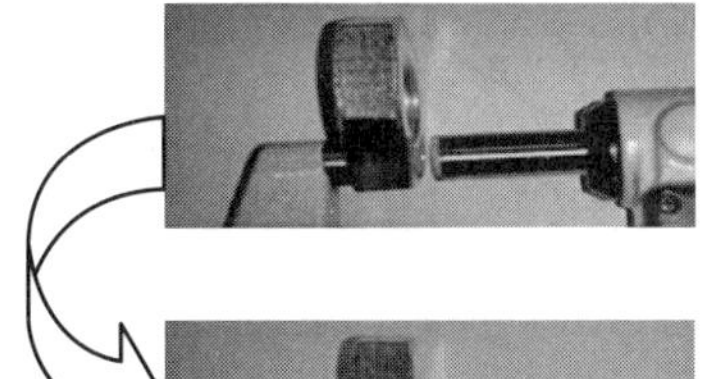

将零件放入A与B之间，保持所测零件平面与A端

转动F，让A和B夹住零件两端，听到“嘀嗒”声即为夹紧

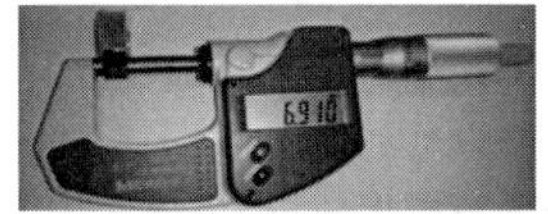

液晶屏显示读“6.910mm”即为所测零件的数据

图 1-47 测量实例

九、游标万能角度尺

1. 游标万能角度尺简介

游标万能角度尺又称角度规。它是利用活动直尺测量面相对于基尺测量面的旋转，对该两测量面间分隔的角度进行读数的角度测量器具。

万能角度尺的读数机构是根据游标原理制成的。主尺刻线每格为 1°，游标的刻线是取主尺的 29°等分为 30 格，因此游标刻线角格为 29°/30，即主尺与游标一格的差值为 2′，也就是说万能角度尺读数准确度为 2′。其读数方法与游标卡尺完全相同。

2. 游标万能角度尺结构

如图 1-48 所示，游标万能角度尺由刻有角度刻线的尺身 1 和固定在扇形板 2 上的游标 3 组成。扇形板可以在尺身上回转移动，形成与游标卡尺相似的结构。直角尺 5 可用支架 4 固

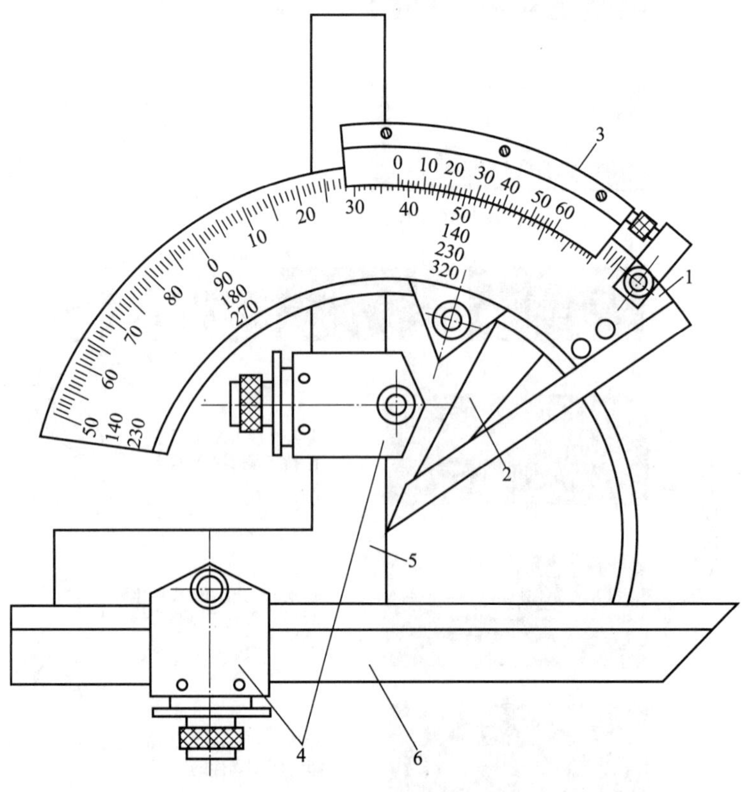

图 1-48 游标万能角度尺结构

1—尺身；2—扇形板；3—游标；4—支架；5—直角尺；6—直尺

定在扇形板 2 上，直尺 6 用支架固定在直角尺 5 上。如果拆下直角尺 5，也可将直尺 6 固定在扇形板上。

3. 游标万能角度尺的测量范围

测量时，根据产品被测部位的情况，先调整好角尺或直尺的位置，用卡块上的螺钉把它们紧固住，再来调整基尺测量面与其他有关测量面之间的夹角。这时，要先松开制动头上的螺母，移动主尺作粗调整，然后再转动扇形板背面的微动装置作细调整，直到两个测量面与被测表面密切贴合为止。然后拧紧制动器上的螺母，把角度尺取下来进行读数。游标万能角度尺适用于机械加工中的内、外角度测量，可测 0°～320°外角及 40°～130°内角。游标万能角度尺的测量方法如图 1-49 所示。

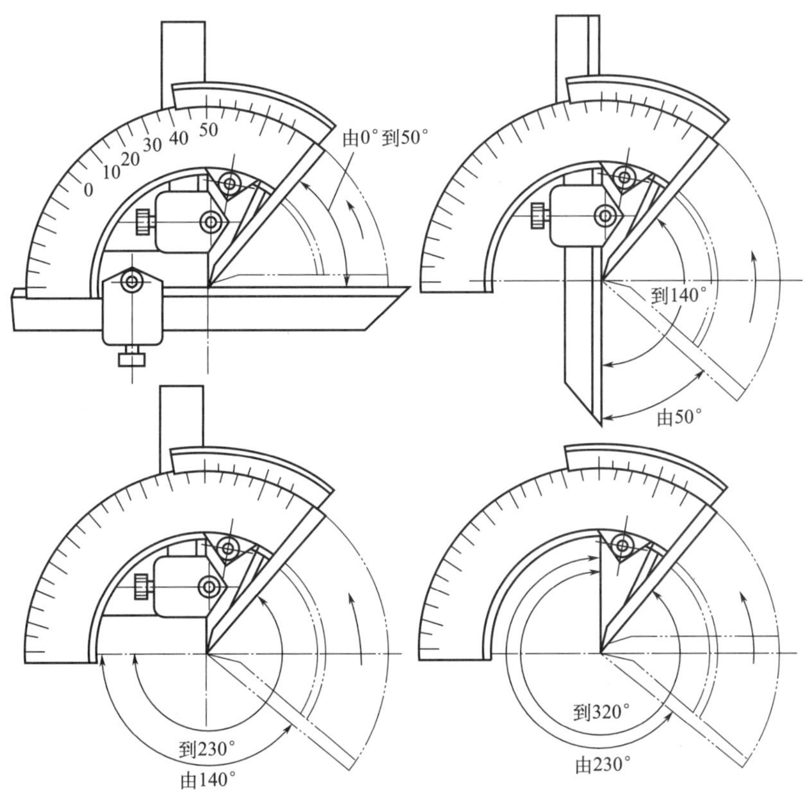

图 1-49 游标万能角度尺的测量方法

(1) 测量 0°～50°之间角度

角尺和直尺全都装上，产品的被测部位放在基尺各直尺的测量面之间进行测量。

(2) 测量 50°～140°之间角度

可把角尺卸掉，把直尺装上去，使它与扇形板连在一起。工件的被测部位放在基尺和直尺的测量面之间进行测量。

也可以不拆下角尺，只把直尺和卡块卸掉，再把角尺拉到下边直到角尺短边与长边的交线和基尺的尖棱对齐为止。把工件的被测部位放在基尺和角尺短边的测量面之间进行测量。

（3）测量 140°～230°之间角度

把直尺和卡块卸掉，只装角尺，但要把角尺推上去，直到角尺短边与长边的交线和基尺的尖棱对齐为止。把工件的被测部位放在基尺和角尺短边的测量面之间进行测量。

（4）测量 230°～320°之间角度

把角尺、直尺和卡块全部卸掉，只留下扇形板和主尺（带基尺）。把产品的被测部位放在基尺和扇形板测量面之间进行测量。

4. 万能角度尺读数方法

万能角度尺的读数装置，是由主尺和游标组成的，也是利用游标原理进行读数，如图 1-50 为游标万能角度尺的读数。

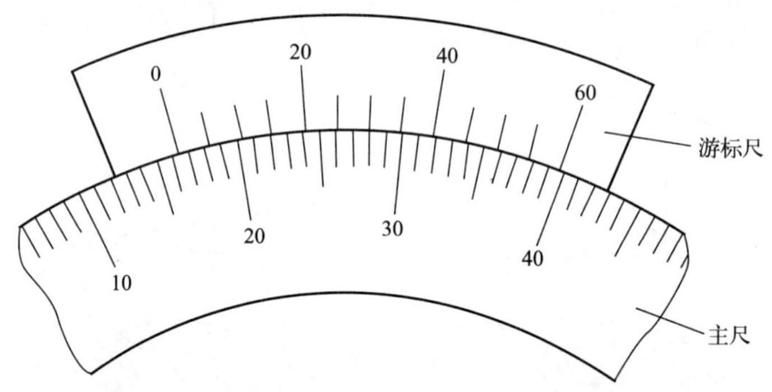

图 1-50　游标万能角度尺的读数

万能角度尺的读数方法可分三步：

（1）先读“度”的数值。看游标零线左边，主尺上最靠近一条刻线的数值，读出被测角“度”的整数部分，图示被测角“度”的整数部分为 16。

（2）从游标尺上读出“分”的数值。看游标上哪条刻线与主尺相应刻线对齐，可以从游标上直接读出被测角“度”的小数部分，即“分”的数值。图示游标的 30 刻线与主尺刻线对齐，故小数部分为 30′。

（3）被测角度等于上述两次读数之和，即 16°＋30′＝16°30′。

主尺上基本角度的刻线只有 90 个分度，如果被测角度大于 90°，在读数时，应加上一基数。当被测角度在 90°～180°时，被测角度＝90°＋角度尺读数；当被测角度在 180°～270°时，被测角度＝180°＋角度尺读数；当被测角度在 270°～320°时，被测角度＝270°＋角度尺读数。

十、指示表

指示表可用来检验机床精度和测量工件的尺寸、形状和位置误差。

1. 指示表的结构

指示表的结构如图 1-51 所示。淬硬的触头 1 用螺纹旋入齿杆 2 的下端。齿杆的上端有齿。当齿杆上升时，带动齿数为 16 的小齿轮 3。与小齿轮 3 同轴装有齿数为 100 的大齿轮 4，再由这个齿轮带动中间的齿数为 10 的小齿轮 5。与小齿轮 5 同轴装有长指针 6，因此长指针就随着小齿轮 5 一起转动。在小齿轮 5 的另一边装有大齿轮 7，在其轴下端装有游丝，用来消除齿轮间的间隙，以保证其精度。该轴的上端装有短指针 8，用来记录长指针的转数（长指针转一周时短指针转一格）。拉簧 11 的作用是使齿杆 2 能回到原位。在表盘 9 上刻有线条，共分 100 格。转动表圈 10，可调整表盘刻线与长指针的相对位置。

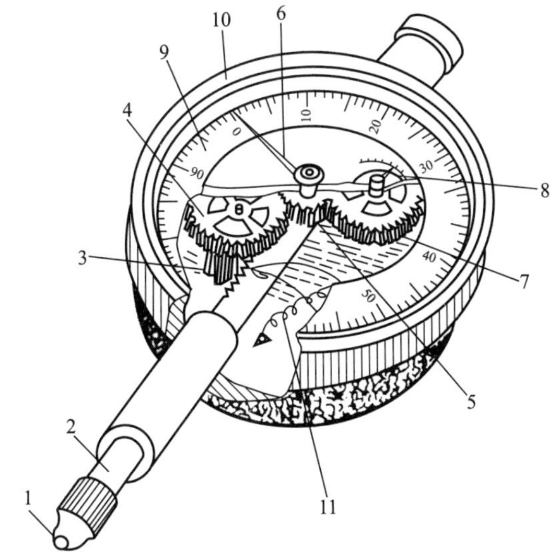

图 1-51 指示表的结构

1—触头；2—齿杆；3，5—小齿轮；4，7—大齿轮；6—长指针；8—短指针；9—表盘；10—表圈；11—拉簧

2. 指示表的刻线原理

指示表内的齿杆和齿轮的齿距是 0.625mm。当齿杆上升 16 齿时（即上升 0.625mm×16=10mm），16 齿小齿轮 3 转一周，同时齿数为 100 齿的大齿轮 4 也转一周，就带动齿数为 10 的小齿轮 5 和长指针转 10 周，即齿杆移动 1mm 时，长指针转一周。由于表盘上共刻 100 格，所以长指针每转一格表示齿杆移动 0.01mm。

3. 内径指示表

内径指示表可用来测量孔径和孔的形状误差，对于测量深孔极为方便。内径指示表的结构如图 1-52 所示。在测量头端部有可换触头 1 和量杆 2。测量内孔时，孔壁使量杆 2 向左移动而推动摆块 3，摆块 3 使杆 4 向上推动指示表触头 6，使指示表指针转动而指出读数，测量完毕时，在弹簧 5 的作用下，量杆回到原位。

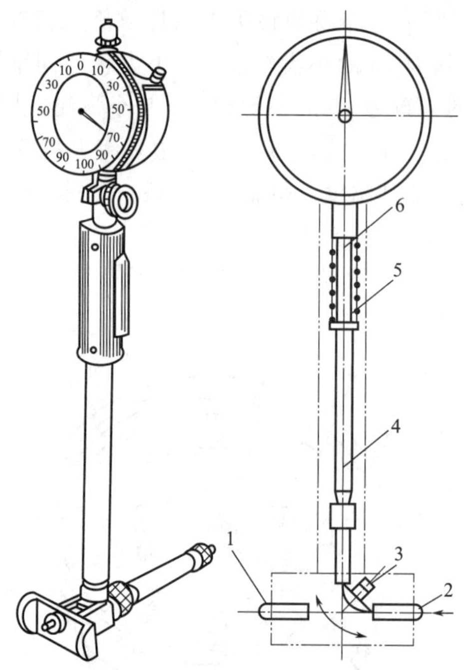

图 1-52 内径指示表

1—可换触头；2—量杆；3—摆块；4—杆；5—弹簧；6—指示表触头

通过更换可换触头 1，可改变内径指示表的测量范围。内径指示表的测量范围有 6～10mm、10 ～ 18mm、18 ～ 35mm、35 ～ 50mm、50 ～ 100mm、100 ～ 160mm、160 ～ 250mm 等。

内径指示表的示值误差较大，一般为±0.015mm。

十一、塞尺

塞尺是用来检验两个结合面之间间隙大小的片状量规，如图 1-53 所示。

塞尺有两个平行的测量平面，其长度制成 50mm、100mm 或 200mm，由若干片叠合在夹板里。厚度为 0.02～0.1mm 组的，中间每片相隔 0.01mm；厚度为 0.1～1mm 组的，中间每片相隔 0.05mm。

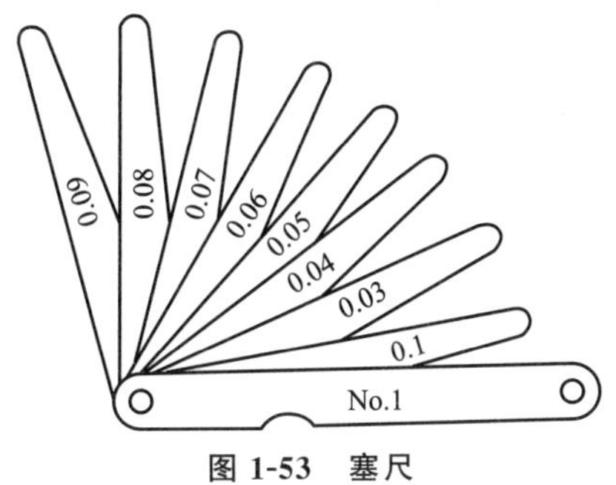

图 1-53 塞尺

使用塞尺时，根据间隙的大小，可用一片或数片重叠在一起插入间隙内。例如用 0.3mm 的塞尺可以插入工件的间隙，而 0.35mm 的塞尺插不进去时，说明工件的间隙在 0.3～0.35mm 之间。

塞尺很薄，容易弯曲和折断，测量时不能用力太大，还应注意不能测量温度较高的工件。用完后要擦拭干净，及时合到夹板中去。

十二、量块

量块是机械制造业中长度尺寸的标准，量块可以对量具和量仪进行检验校正，也可用于精密划线和精密机床的调整，附件与量块并用时，还可以测量某些精度要求较高的工件尺寸，如图 1-54 所示。

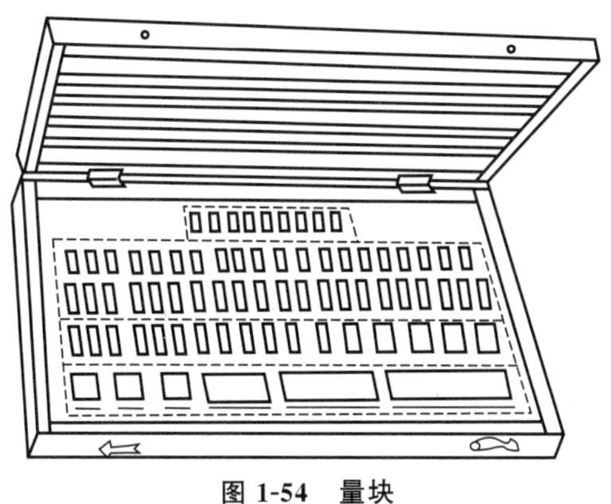

图 1-54 量块

量块是用不易变形的耐磨材料（如铬锰钢）制成的长方形六面体，它有两个工作面和四个非工作面。工作面是一对相互平行而且平面度误差极小的平面，又叫测量面。

量块具有较高的研合性。由于测量面的平面度误差极小，用比较小的压力，把两个量块的测量面相互推合后，就可牢固地贴合在一起。因此可以把不同基本尺寸的量块组合成量块组，得到需要的尺寸。

量块一般做成一套，装在特制的木盒内，有 42 块一套和 87 块一套等几种，它的基本规格见表 1-1。为了减少常用量块的磨损，每套中都备有若干块保护量块，在使用时，可放在量块组的两端，以保护其他量块。

表 1-1 量块基本规格

顺序	量块基本尺寸/mm	间距	块数	备注
1	1.005	—	1	护块
	1.01,1.02,…,1.49	0.01	49	
	1.6,1.7,1.8,1.9	0.1	4	
	0.5,1,…,9.5	0.5	19	
	10,20,…,100	10	10	
	1,1.5	0.5	4	
	—	—	共 87 块	
2	1.005	—	1	护块
	1.01,1.02,…,1.09	0.01	9	
	1.1,1.2,…,1.9	0.1	9	
	1,2,…,9	1	9	
	10,20,…,100	10	10	
	1,1.5	0.5	4	
	—	—	共 42 块	
3	1.001,1.002,…,1.009	+0.001	9	
4	0.999,0.998,…,0.991	−0.001	9	
5	0.5,1,1.5,2(各 2 块)	—	8	
6	125,150,175,200,250,300,400,500	—	8	护块
	50	—	2	
	—	—	共 10 块	
7	600,700,800,900,1000(各 1 块)	100	5	

为了工作方便，减少累积误差，选用量块时，应尽可能采用最少的块数。用 87 块一套的量块，一般不要超过 4 块；用 42 块一套的量块，一般不超过 5 块。在计算时，选取第一块时应根据组合尺寸的最后一位数字选取，以后各块依此类推。例如，所要的尺寸为 57.245mm，从 87 块一套的盒中选取：57.245＝1.005＋1.24＋5＋50，即选用 1.005mm、1.24mm、5mm、50mm 共 4 块。

利用量块附件和量块调整尺寸，测量外径、内径和高度的使用方法，如图 1-55 所示。为了保持量块的精度，延长其使用寿命，一般不允许用量块直接测量工件。

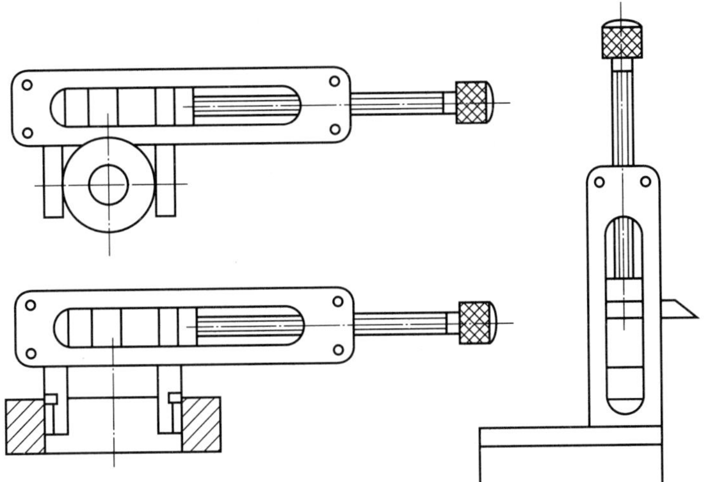

图 1-55 量块附件使用方法

项目二

钳工基本技能

实训1 划线

实训2 锯削

实训3 锉削

实训4 錾削

实训5 孔加工

实训6 螺纹加工

实训7 刮削

实训8 研磨

实训9 矫正、弯曲与铆接

实训1 划线

一、划线概述

1. 划线的概念

根据图样或技术文件要求，在毛坯或半成品上用划线工具划出加工界线或作为检查依据的辅助线的操作，称为划线。

2. 划线分类

划线分为平面划线和立体划线。根据图样要求，在毛坯或半成品上划出加工界线或找正线的操作方法叫划线。在工件的一个平面上划线称为平面划线（如图 2-1）。在工件的几个表面上划线（如长、宽、高等）称为立体划线（如图 2-2）。

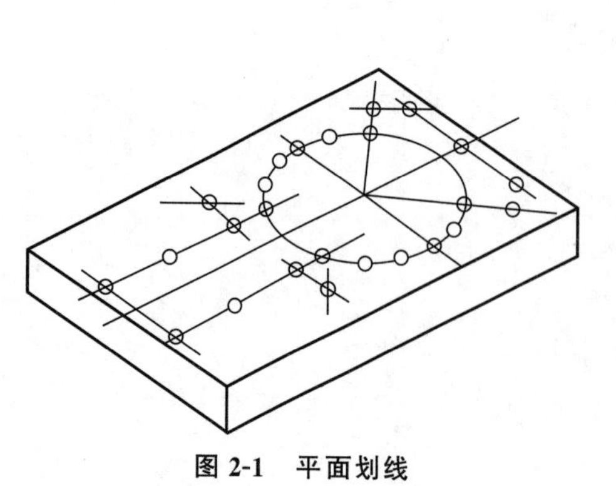

图 2-1 平面划线

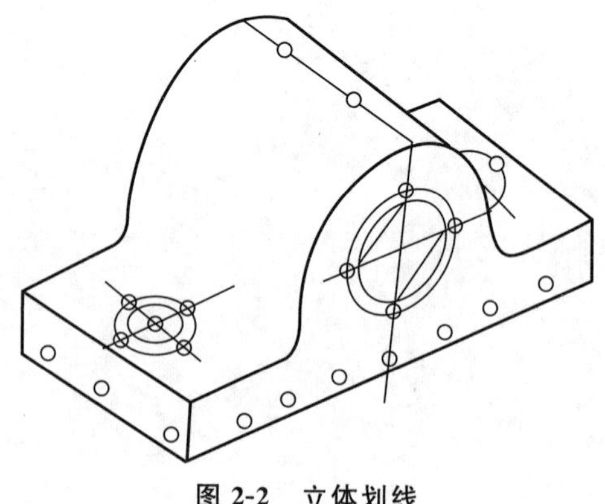

图 2-2 立体划线

3. 划线的作用

（1）合理分配各表面的加工余量，并作为机械加工（工件安装或加工）的依据；

（2）检查毛坯的尺寸和形状是否合格，以便及时借料补救和剔除不合格毛坯，避免浪费。

4. 划线的要求

划线要求线条清晰均匀，定形、定位尺寸准确。

5. 划线的精度

划线的精度为 0.25～0.5mm。

二、常用划线工量具

名称	图示	说明
划线平台		作为划线基准，检验精度的工具
千斤顶		支承较大及不规则工件
方箱	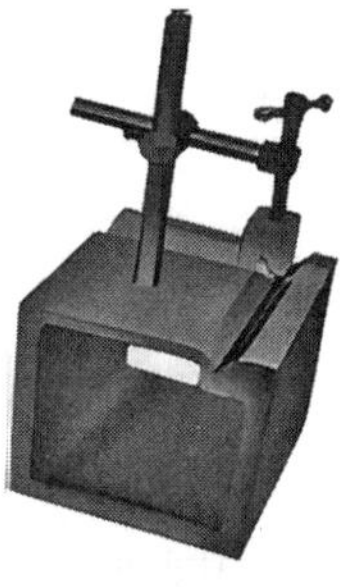	用于夹持工件的基准工具
V 形铁		支撑零件

续表

名称	图示	说明
划针		在工件表面划出凹痕
划线盘		立体划线和校正工件位置时用的工具
划规		划圆或圆弧线、等分线段及量取尺寸等
样冲		在划出的线条上打出样冲眼

三、划线工件的涂色

铸件和锻件毛坯涂色一般用石灰水，加入适量的牛皮胶，附着力较强，效果较好。已加工表面一般使用蓝油涂色。

四、划线基准

工件上作为划线依据的基准叫划线基准，它是用来确定点、线、面位置的依据。

划线基准的选择：

选择原则：应尽可能与设计基准相一致。

选择依据：零件的形状和加工精度、加工余量的分配等。

实际选择时尽量选用工件上已加工表面为划线基准；当工件为毛坯时，应选用面积较大且平整的表面或重要孔的中心线。图 2-3(a) 以两个互相垂直平面为基准；图 2-3(b) 以两个互相垂直平面为基准；图 2-3(c) 以一个平面与一个中心平面为基准。

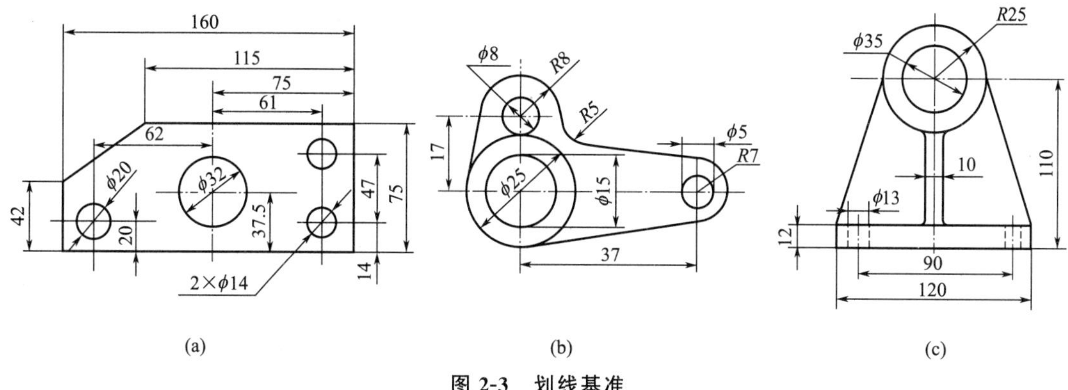

图 2-3　划线基准

划线一般要遵守从基准开始的原则，即划线基准与设计基准重合。

当工件上有已加工面时，应该以已加工面作为划线基准，若没有，首次划线应选择最主要的（大的）不加工面作为划线基准（粗基准），但只能用一次。

五、常用的基本划线方法

划线要求	图样	划线方法
将线段 AB 五等分（或若干等分）		（1）作直线 AC 与已知线段 AB 呈 20°～40°； （2）由 A 点起在 AC 上任意截取五等分点 a、b、c、d、e； （3）连接 Be，过 d、c、b、a 点分别作 Be 的平行线。在 AB 上的交点即为线段 AB 的五等分点
作与线段 AB 定距离的平行线		（1）在已知线段 AB 上任意取两点 a，b； （2）分别以 a、b 为圆心，R 为半径在线段 AB 的同侧划弧（R 为给定距离）； （3）作两弧的切线，即为所求的平行线
过线外一点 P 作线段 AB 的平行线		（1）在线段 AB 的中段任取一点 O； （2）以 O 为圆心，OP 为半径作圆弧，交 AB 于点 a、b； （3）以 b 为圆心，aP 为半径作圆弧，交圆弧于点 c； （4）连接 Pc，即为所求平行线
过已知线段 AB 的端点作垂线		（1）以 B 为圆心，Ba 为半径作圆弧交线段 AB 于点 a； （2）以 aB 为半径，在圆弧上截取 ab 和 bc； （3）以 b、c 为圆心，Ba 为半径作圆弧，得交点 d。连接 dB，即为所求垂线

续表

划线要求	图样	划线方法
求已知弧的圆心	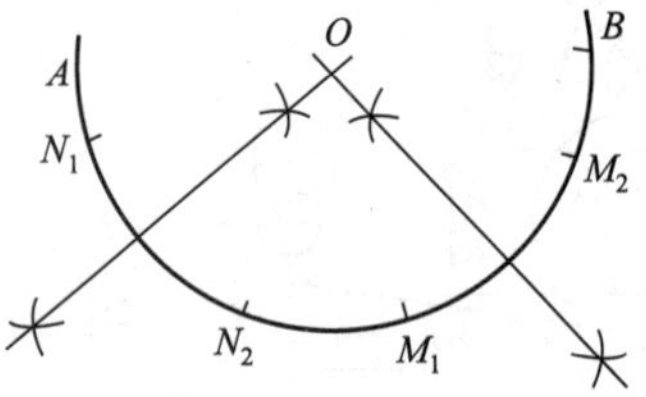	(1)在已知圆弧 AB 上取点 N_1、N_2、M_1、M_2，并分别作线段 N_1，N_2 和 MM_2 的垂直平分线； (2)两垂直平分线的交点 O 即为圆弧 AB 的圆心
作圆弧与两条相交的直线相切	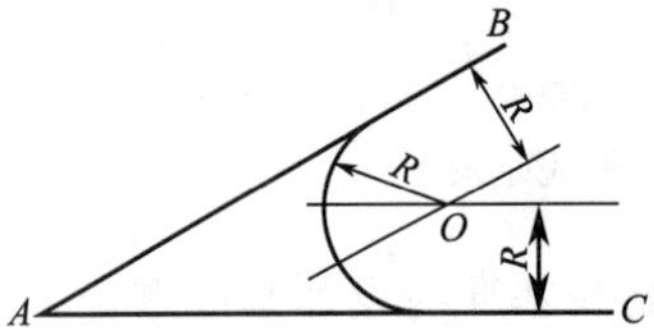	(1)在两相交直线的锐角$\angle BAC$内侧，作与两直线相距为 R 的两条平行线，得交点 O； (2)以 O 为圆心，R 为半径作圆弧即可
作圆弧与两圆外切	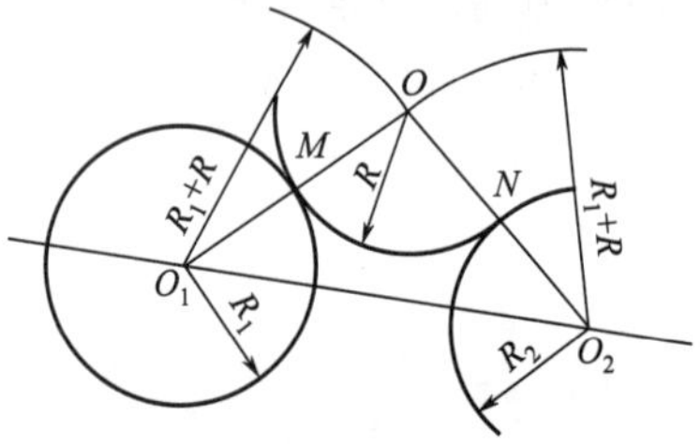	(1)分别以 O_1 和 O_2 为圆心，以 R_1+R 及 R_2+R 为半径作圆弧交于点 O； (2)连接 O_1O 交已知圆于点 M，连接 O_2O 交已知圆于点 N； (3)以 O 为圆心、R(即线段 OM 的长)为半径作圆弧即可
作圆弧与两圆内切	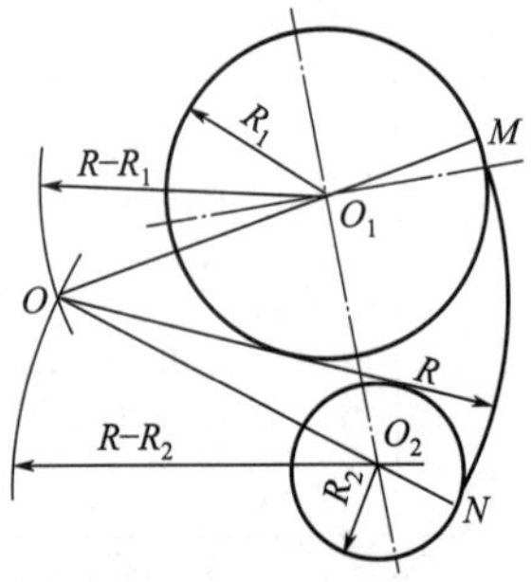	(1)分别以 O_1 和 O_2 为圆心，$R-R_1$ 和 $R-R_2$ 为半径作弧交于点 O； (2)连接 OO_1 并延长交已知圆于点 M，连接 OO_2 并延长交已知圆于点 N； (3)以 O 为圆心、R(即线段 OM 的长)为半径作圆弧即可
五等分圆周	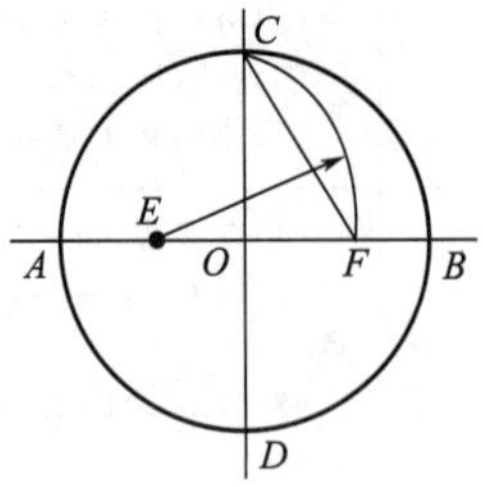	(1)过圆心 O 作直径 $CD\perp AB$； (2)取 OA 的中点 E； (3)以 E 为圆心，EC 为半径作圆弧交 AB 于点 F，CF 即为圆五等分的长度
任意等分半圆	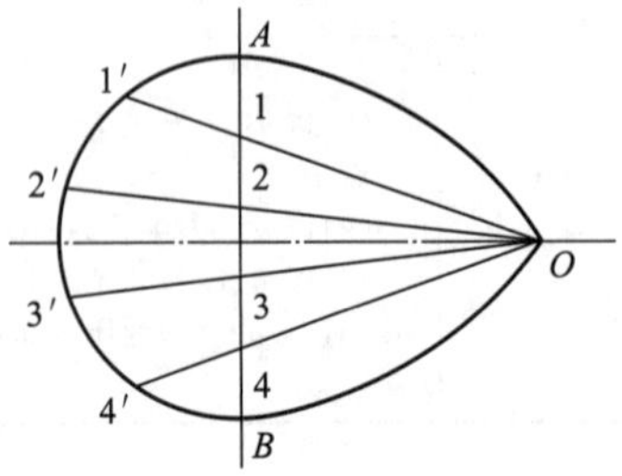	(1)将圆的直径 AB 分为任意等份，得交点 1、2、3、4； (2)分别以 A、B 为圆心，AB 为半径作圆弧交于点 O； (3)连接 $O1$、$O2$、$O3$、$O4$ 并分别延长交半圆于 1′、2′、3′、4′，则即为半圆的等分点

六、划线时的找正和借料

1. 找正

对于毛坯工件，划线前一定要先做好找正工作。找正就是利用划线工具（如划线盘、角尺、单脚规等）使工件上有关的毛坯表面处于合适的位置。找正的方法和作用如下：

（1）毛坯上有不加工表面时，通过找正后再划线，可使加工表面与不加工表面之间保证尺寸均匀。如图 2-4 中，轴承架毛坯的内孔和外圆不同轴，底面和上平面 *A* 不平行，划线前应找正。在划内孔加工线之前，应先以外圆为找正依据。用单脚划规找出其中心，然后按找出的中心划出内孔的加工线。这样，内孔与外圆就可达到同轴要求。在划轴承座底面之前，同样应以上平面（不加工表面 *A*）为依据，用划线盘找正成水平位置，然后划出底面加工线，这样，底座各处的厚度就比较均匀。

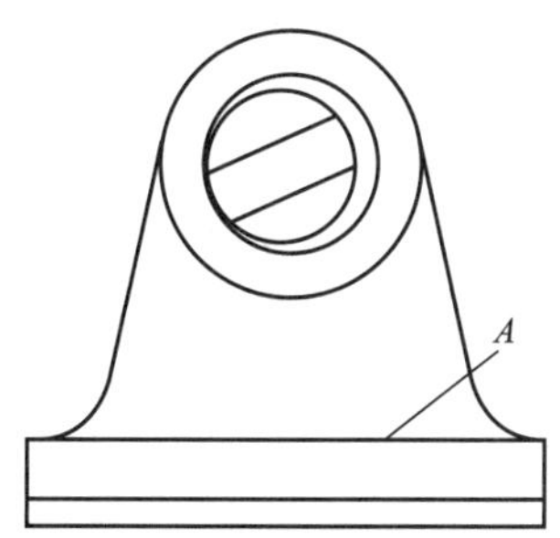

图 2-4 毛坯工件的找正

（2）当工件上有两个以上的不加工表面时，应选择其中面积较大、较重要或外观质量要求较高的表面为主要找正依据，并兼顾其他较次要的不加工表面，使划线后的加工表面与不加工表面之间的尺寸，如壁厚、凸台的高低等都尽量均匀并符合要求，而把无法弥补的误差反映到较次要的或不甚醒目的部位上去。

（3）当毛坯上没有不加工的表面时，通过对各加工表面自身位置的找正后再划线，可使各加工表面的加工余量得到合理和均匀的分布，而不至于出现过于悬殊的情况。

由于毛坯各表面的误差和工件结构形状不同，划线时的找正应根据按工件的实际情况进行。

2. 借料

铸、锻件毛坯在形状、尺寸和位置上的误差用找正的划线方法不能补救时，就要用借料的方法来解决。

借料就是通过试划和调整，使各个待加工面的加工余量合理分配，互相借用，从而保证各加工表面都有足够的加工余量，而误差和缺陷可在加工后排除的划线方法。

要做好借料划线，首先要知道待划毛坯误差的程度，确定需要借料的方向和大小，这样才能提高划线效率。如果毛坯误差超出许可范围，就不能利用借料来补救了。

借料的具体过程以下面两个实例来说明。

(1) 如图 2-5(a) 所示的圆环是一个锻造毛坯，其内、外圆都要加工。如果毛坯形状比较准确，就可以按图样尺寸进行划线，如图 2-5(b) 所示，这时划线工作较简单。但如果锻造圆环的内、外圆偏心较大，划线就不简单了。

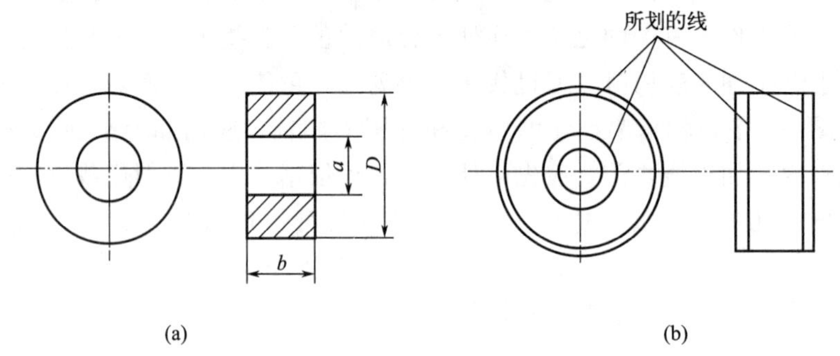

图 2-5 圆环工作图及划线

若按外圆找正划内孔加工线，则内孔有个别部分的加工余量不够，如图 2-6(a)；若按内圆找正划外圆加工线，则外圆个别部分的加工余量不够，如图 2-6(b)；只有在内孔和外圆都兼顾的情况下，适当地将圆心选在锻件内孔和外圆圆心之间的一个适当的位置上划线，才能使内孔和外圆都有足够的加工余量，如图 2-6(c) 所示。这说明通过借料划线，有误差的毛坯仍能很好地被利用。当然，误差太大时则无法补救。

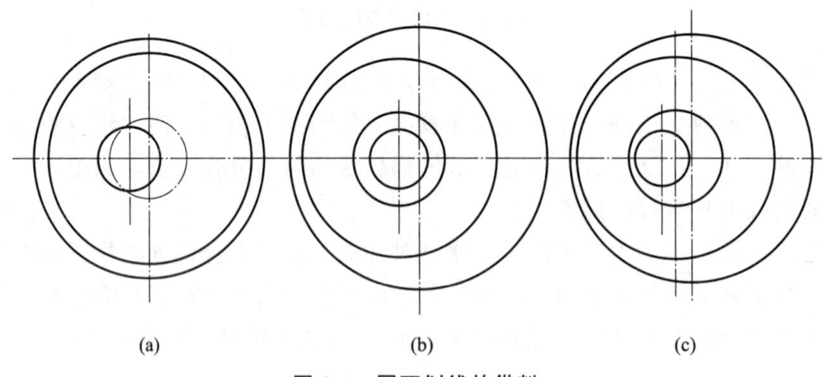

图 2-6 圆环划线的借料

(2) 如图 2-7 所示的齿轮箱体是一个铸造毛坯。由于铸造误差，A、B 两孔的中心距由图样规定的 150mm 缩小为 144mm，A 孔向右偏移了 6mm。按照一般的划法，因为凸台的外圆 Φ125mm 是不加工的，为了保证两孔加工后与其外圆同心，首先应该以两孔的凸台外圆为找正依据，分别找出它们的中心，并保证两孔中心距为 150mm，然后划出两孔的圆周尺寸线 Φ75mm。但是，由于 A 孔偏心过多，如果按上述一般方法划出 A 孔，它的右边局部地方便没有足够的加工余量了，如图 2-7(a) 所示。

如果用借料的方法将 A 孔中心向左借过 3mm，B 孔中心向右借过 3mm，这时再划两孔的轴线和内孔圆周加工线，就可使得两孔都能分配到加工余量，从而使毛坯得以利用，如图 2-7(b) 所示。当然，由于把 A 孔的误差平均反映到 A、B 两孔的凸台外圆上，所以划线结果会使凸台外圆与内孔产生偏心，但偏心程度并不显著，对外观质量的影响也不大，一般可符合零件的质量要求。

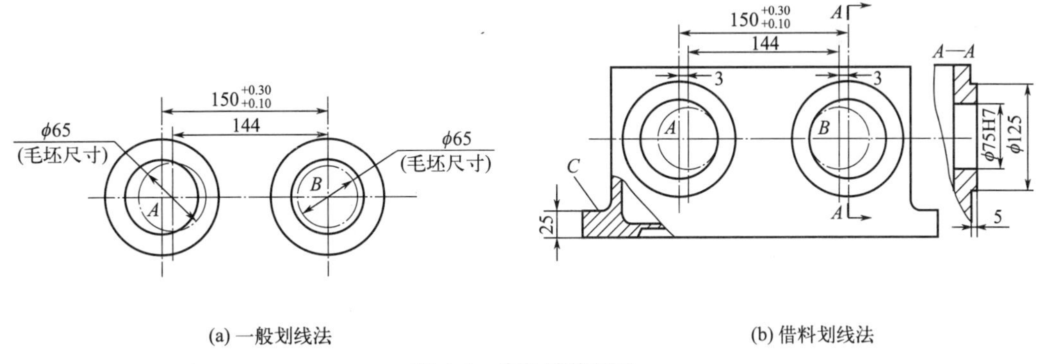

图 2-7 齿轮箱体划线

应该指出，划线时的找正和借料这两项工作是密切结合进行的。例如图 2-7 所示的齿轮箱体，除了要划 A、B 两孔的加工线外，毛坯其他部位还有许多线需要划。划底面加工线时，因为平面 C 也是不加工表面，为了保证此表面与底面之间的厚度 25mm 在各处均匀，划线时也要先以 C 面为依据进行找正。在对 C 面找正时，必然会影响到 A、B 两孔的中心高低，可能还要进行高低方面的借料。因此，找正和借料必须互相兼顾，各方面都应满足要求，如果只考虑一方面，忽略其他方面，都是不能做好划线工作的。

七、万能分度头

万能分度头是一种较准确的等分角度的工具。结构如图 2-8 所示，主要由支座、转动体、分度盘、主轴等组成。主轴可随转动体在垂直平面内转动。通常在主轴的前端安装三爪卡盘或顶尖，以被用来安装工件。把万能分度头放在划线平板上，并配合使用划线盘或高度划线尺，便可进行分度划线，并可在工件上划出水平线、垂直线、倾斜线和等分线或不等分线。

1. 万能分度头的工作原理

如图 2-9 所示为万能分度头的传动示意图，分度盘的手柄与单头蜗杆相连。蜗杆与主轴上装有 40 齿的蜗轮组成蜗轮蜗杆机构，并且其传动比为 1∶40，即手柄转动一圈，主轴转动 1/40 圈。如要将工件在圆周上分 Z 等份，则工件上每一等份为 $1/Z$ 圈。设当主轴转动 1/2 圈时，手柄应转动 n 圈，则依照传动比关系式有：

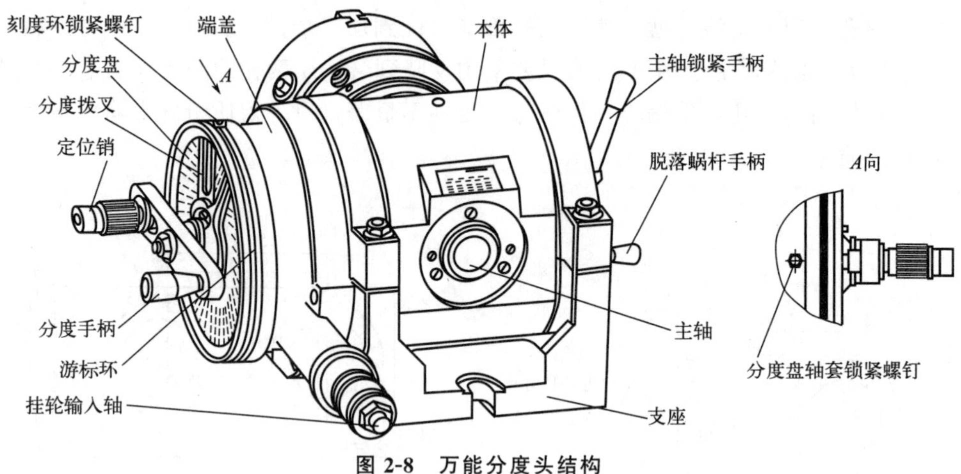

图 2-8 万能分度头结构

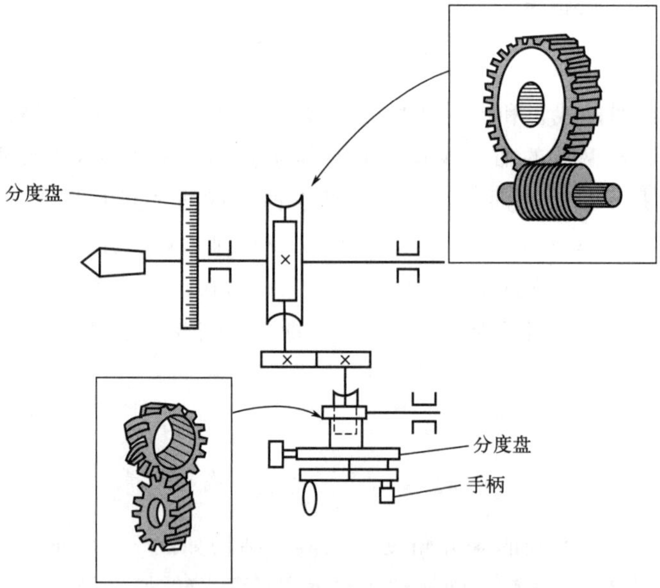

分度盘

分度盘

手柄

图 2-9 万能分度头的传动示意图

$$1/40=1/(nZ)$$

即 $n=40/Z$。

例：要划出均匀分布在工件圆周上的 18 个孔，试求每划完一个孔的位置后，分度手柄应怎样转动后再划第二个孔的位置。

解：根据公式得 $n=\frac{40}{z}=\frac{40}{18}=2\frac{4}{18}=2+\frac{12}{54}$。

答：选择分度盘孔数为 54，每划完一个孔的位置后，手柄应转过 2 周再转过 12 个孔距后，再划第二个孔的位置。

参照上例的计算，完成单式分度法分度表 2-1。

表 2-1 单式分度法分度表（部分）

工件等分数	分度盘孔数	手柄回转数	转过的孔距数	工件等分数	分度盘孔数	手柄回转数	转过的孔距数
2	任意	20	0	11	66	3	42
3	24	13	8	12	24	3	8
4	任意	10	0	13	39	3	3
5	任意	8	0	14	28	2	24
6	24	6	16	15	24	2	16
7	28	5	20	16	24	2	12
8	任意	5	0	17	34	2	12
9	54	4	24	18	54	2	12
10	任意	4	0	19	38	2	4

2. 划线操作步骤

（1）分析图样，确定划线基准；

（2）清理毛坯，必要时在工件孔中放置中心塞块；

（3）在划线表面涂色；

（4）选用合适的支撑工具将工件支撑牢固；

（5）选用正确的划线工具划线，尽量在一次支撑中将所划的线划全，关键部位要划辅助线，线条要准确、清晰；

（6）按照一定间距打样冲眼，位置要准确，大小疏密要适当；

（7）反复检查，确保准确无误。划圆或弧线、等分线段及量取尺寸等。

平面划线训练

在 60mm×60mm×8mm 钢板上完成如图 2-10 所示工件的划线。

一、准备工作

① 材料准备：60mm×60mm×8mm 钢板一块。

② 工具准备：划线平板、划规、样冲、划针、手锤等。

③ 量具准备：钢直尺、高度游标尺、直角尺等。

④ 辅具：硫酸铜溶液、棉纱等。

二、划线

① 阅读图样，初步检查工件的形状尺寸，清理工件，涂色。

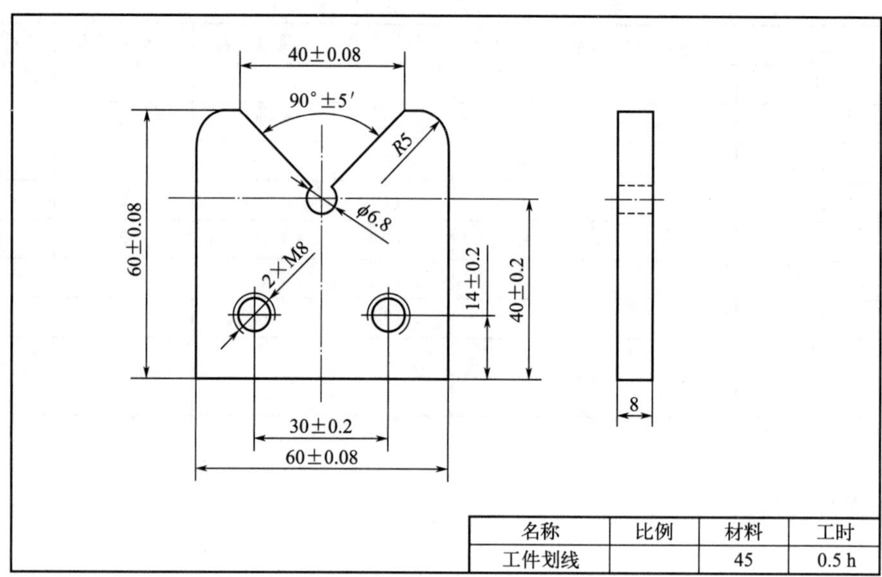

名称	比例	材料	工时
工件划线		45	0.5 h

图 2-10 划线工件图

② 选定划线基准。

③ 正确选用工具和安放工件。

④ 划线。

⑤ 打样冲眼。

实训 2 锯削

锯削是用手锯对工件材料进行切割或开槽的加工方法。它具有方便、简单和灵活的特点，适用于单件小批量、较小材料、异形工件、开槽、修整及在临时场地的加工。手锯主要作用是锯断各种原材料或半成品，锯掉工件上的多余部分，在工件上锯槽等。

钳工用的锯削工具主要是手锯，见图 2-11。手锯由锯弓和锯条组成，将锯条安装在锯弓上就组成了手锯。

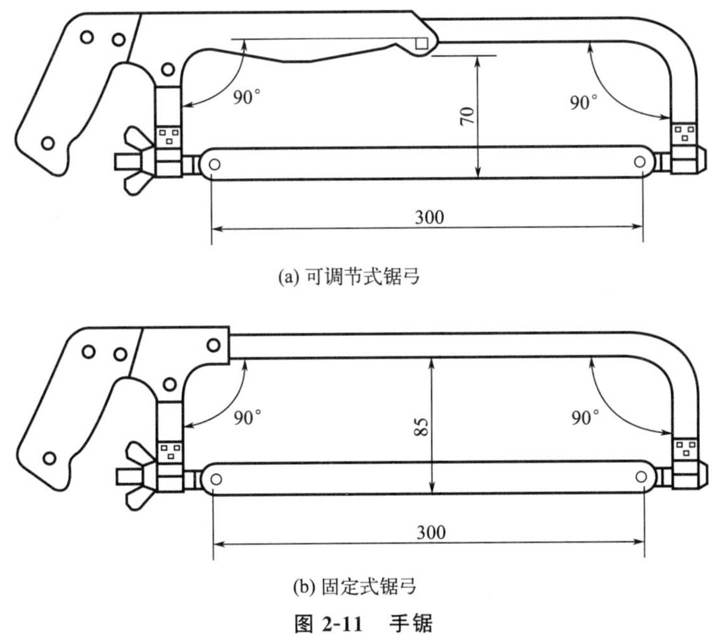

(a) 可调节式锯弓

(b) 固定式锯弓

图 2-11 手锯

1. 锯弓

锯弓是用来夹持和拉紧锯条且可以双手操持的工具。根据其构造，锯弓可分为可调节式和固定式两种，如图 2-11 所示。因其使用灵活性，钳工常用可调节式锯弓。

2. 锯条

锯条是锯削时用来直接锯削材料或工件的刀具。手用锯条一般用渗碳软钢冷轧而成，常用牌号为 T12A，也可用碳素工具钢或合金工具钢制成。

（1）锯条的规格

锯条规格以其两端安装销孔的中心距来表示，有 150mm、200mm、300mm、400mm 等几种，其宽度为 10～25mm，厚度为 0.6～1.25mm。钳工常用的锯条规格为 300mm，其宽度为 12mm，厚度为 0.8mm。

（2）锯条的齿数

以锯条每 25mm 长度内锯齿的个数来表示。常用的有 14、18、24 和 32 四种，分别为粗齿、中齿、细齿和极细齿。粗齿锯条适用于锯削软材料、大表面或厚材料，如紫铜、铝等。细齿锯条适用于锯削硬材料、管子或薄材料。中齿锯条适用于锯削中等硬度的材料，如中碳钢、黄铜、铸铁等。

3. 锯条的安装

由于手锯是在向前推进时进行切削，所以安装锯条时要保证齿尖向前，如图 2-12 所示。而返回时不起切削作用，所以在锯弓中安装锯条时具有方向性。当锯条安装在锯弓上以后，需要通过调节蝶形螺母来紧固锯条。锯条的松紧程序要适当，如果太紧则易断锯条，太松则锯缝易歪斜。

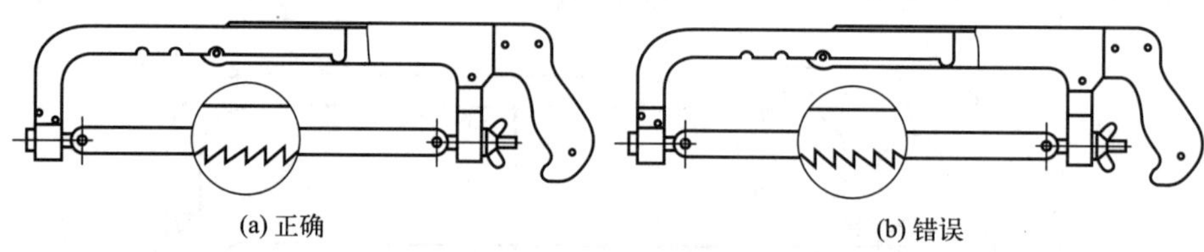

(a) 正确　　(b) 错误

图 2-12　锯条的安装

4. 锯削时工件的安装

装夹工件应符合以下要求：

（1）工件一般夹持在台虎钳的左端，以方便操作。

（2）工件不应伸出钳口太长，一般应保持锯缝距离钳口约 20mm，防止在锯削过程中工件振动。

（3）锯缝线要与水平面保持垂直。

（4）夹持工件时不要用力过大，以免将工件夹变形或夹坏已加工表面。

5. 起锯方法

起锯时，左手拇指靠近锯条，如图 2-13 所示，使锯条能正确定位，行程要短，压力要小，速度要慢。常用的起锯方法有远起锯和近起锯两种。

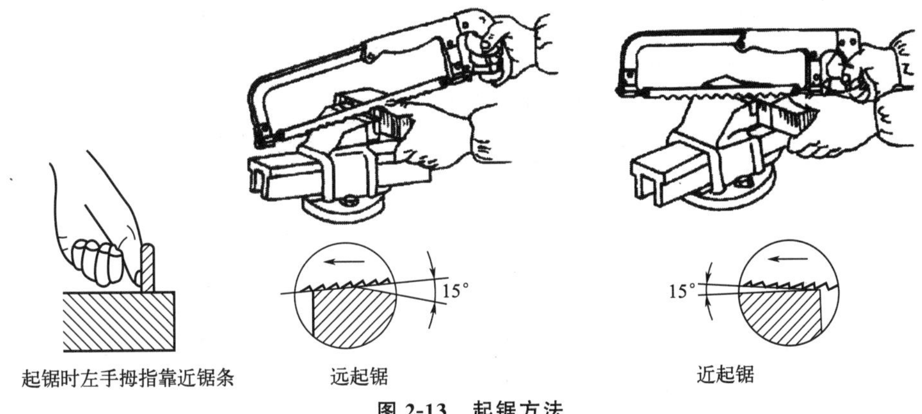

图 2-13　起锯方法

6. 锯削姿势及锯削运动

(1) 手握锯的方法

手握锯时，要自然舒展，一般右手握手柄，左手轻扶锯弓前端，如图 2-14 所示。

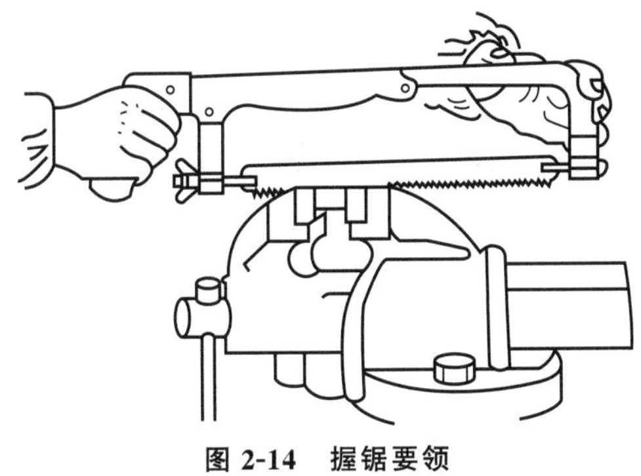

图 2-14　握锯要领

钳工常用的握锯方法有死握法、活握法、抱锯法和扶锯法四种，如图 2-15 所示。

(2) 脚站立的位置

锯削时，双脚站立的位置如图 2-16 所示。

(3) 锯削运动

锯削时，右腿伸直，左腿弯曲，身体向前倾斜，重心落在左脚上，两脚站稳不移动，靠左膝的屈伸使身体作往复摆动，在起锯时，身体稍微向前倾斜，与竖直方向呈 10°角左右，此时右肘尽量向后收，随着推锯的行程增大，身体逐渐向前倾斜，当行程达 2/3 时，身体倾斜 18°角左右，左、右臂均向前伸出。当锯削最后 1/3 行程时，用手腕推进锯弓，身体随着锯的反作用力退回到 15°角位置。锯削行程结束后，取消压力将手和身体都退回到初始位置，如图 2-17 所示。

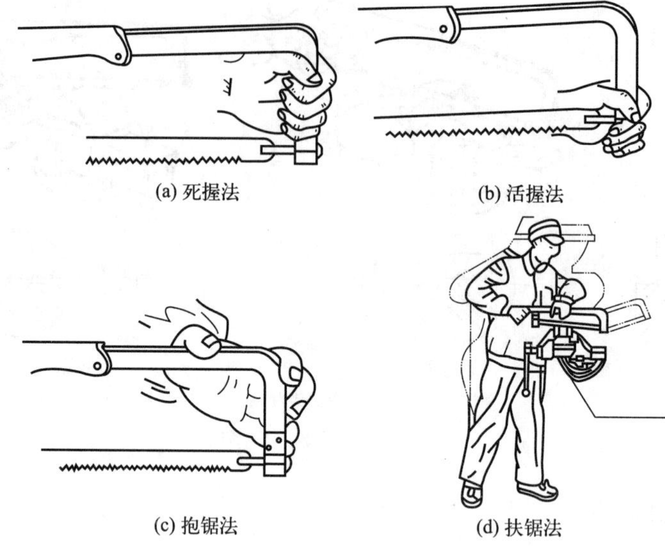
(a) 死握法　(b) 活握法　(c) 抱锯法　(d) 扶锯法

图 2-15　钳工常用的握锯方法

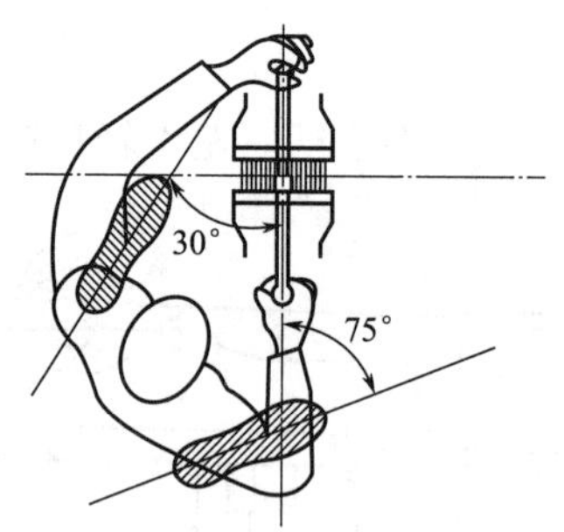

图 2-16　锯削时双脚站立位置

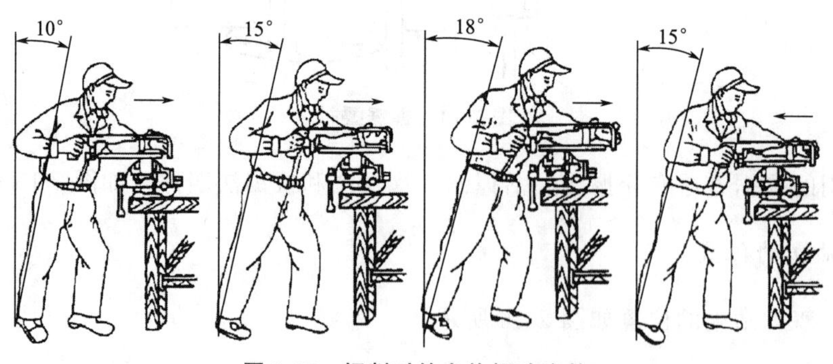

图 2-17　锯削时的身体摆动姿势

7. 锯削注意事项

（1）锯削速度以 20～40 次/分钟为宜。速度过快，锯条容易发热，加重磨损。速度过慢则影响锯削效率。一般锯削软材料可稍快，锯削硬材料可慢些。

（2）锯削时，尽量使锯条全长范围内所有锯齿参与切削，以延长锯条的使用寿命。

（3）锯削过程中，如发现锯齿崩裂，即使是一个齿崩裂，也应立即停止使用，否则该齿后面的锯齿也会迅速崩裂。

8. 锯缝歪斜的防止与纠正

在锯削中，应注意锯弓的握持与运动要以锯条的条身侧平面为基准，条身应与加工线平行或重合，眼睛不断观察并及时调整锯条的角度，才能有效防止锯缝歪斜。

当发现锯缝明显歪斜时，先将锯条尽量调紧绷直，然后将锯条置于锯缝歪斜的起始点，左手扶住锯弓，适度用力向锯缝的弯曲侧倾斜，然后短行程、慢速锯削，直至修正锯缝后恢复正常锯削。

锯削训练

在 100mm×60mm×8mm 钢板上完成如图 2-18 所示工件的锯削。

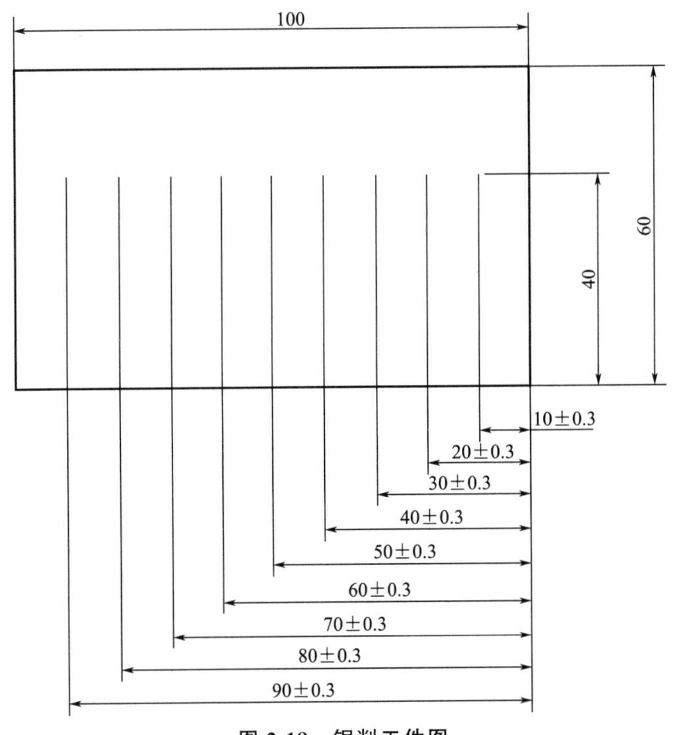

图 2-18 锯削工件图

一、准备工作

（1）材料准备：100mm×60mm×8mm 钢板一块。

（2）工具准备：划线工具、手锯、锯条等。

（3）量具准备：钢直尺、高度游标尺、直角尺等。

二、锯削

步骤一：检查来料的外形尺寸。

步骤二：用高度游标划线尺在板料正反两面按图纸要求划锯缝线。

步骤三：按线条要求起锯锯割各锯缝。

步骤四：清理工件，打标记。

步骤五：打扫卫生，提交工件。

实训 3 锉削

锉削是用锉刀对工件表面进行切削加工，使工件达到所要求的尺寸、形状和表面粗糙度的操作。锉削精度可以达到 0.01mm，表面粗糙度可达 $Ra0.8\mu m$。

锉削的应用范围很广，可以锉削平面、曲面、外表面、内孔、沟槽和各种形状复杂的表面。还可以配键、做样板、修整个别零件的几何形状等。

1. 锉刀

锉刀是锉削加工的主要工具，是用碳素工具钢 T12 或 T13 经热处理后再将工作部分淬火制成的一种小型生产工具，锉刀由锉身和锉柄两部分组成，如图 2-19 所示。

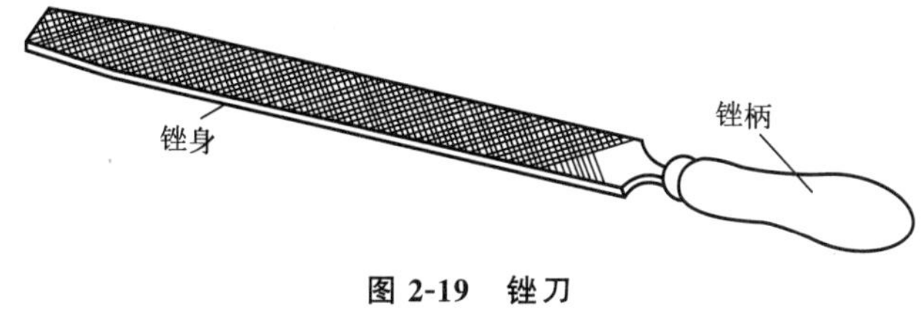

图 2-19 锉刀

2. 锉刀的类型与规格

(1) 锉刀的类型

钳工常用的锉刀有普通钳工锉刀（如图 2-20）、异形锉刀（如图 2-21）、什锦锉刀（如图 2-22）三类。其中，普通钳工锉刀是锉削加工中应用最广泛的一类锉刀，按其断面形状不同，分为平（扁）锉、方锉、三角锉、半圆锉和圆锉五种。

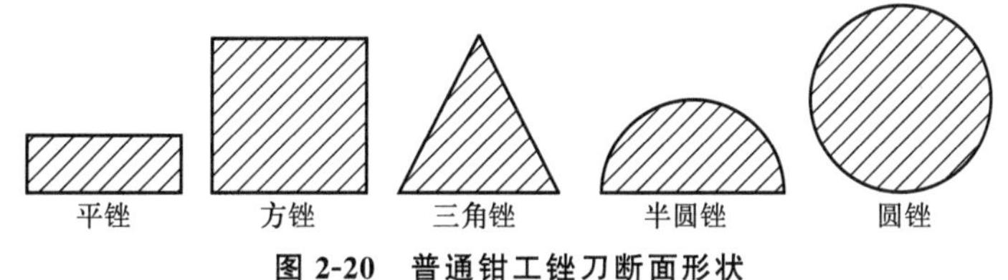

图 2-20 普通钳工锉刀断面形状

(2) 锉刀的规格

锉刀的规格主要有尺寸规格和粗细规格。

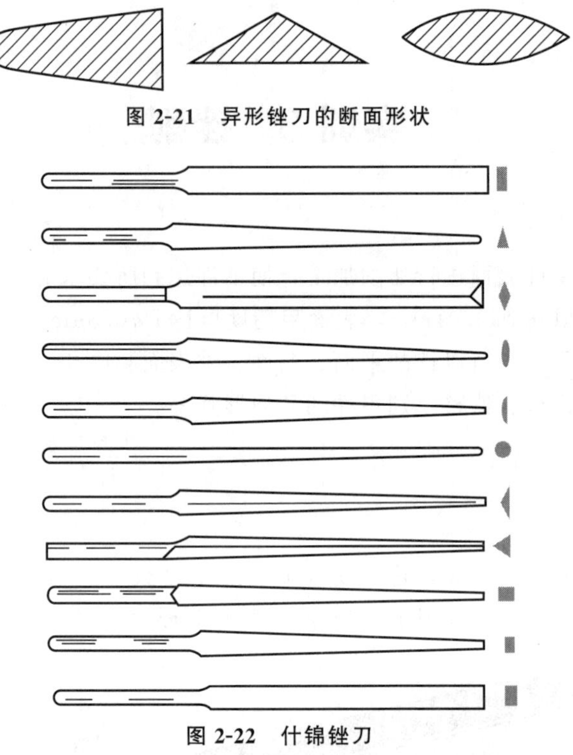

图 2-21 异形锉刀的断面形状

图 2-22 什锦锉刀

尺寸规格一般以锉刀长度表示，普通钳工锉刀是以锉身长度作为规格，异形锉刀和整形锉刀是以锉刀的全长作为尺寸规格。

粗细规格按锉纹号表示，即以每 10mm 轴向长度内的锉纹条数划分 1、2、3、4、5 级，依次为粗齿锉刀、中齿锉刀、细齿锉刀、双细齿锉刀和油光锉刀。

3. 锉刀的保养

（1）严禁将锉刀作为撬杠或手锤使用。

（2）锉削中不允许用手摸锉削表面，以免再锉时发生打滑，锉上不允许沾水、沾油。

（3）用整形锉刀锉削时，用力不要过大，以防止整形锉刀折断。

（4）不允许使用未安装锉刀柄的锉刀，或锉刀柄已经开裂松动的锉刀锉削。

（5）锉刀不能与锉刀或其他工具、量具和工件等重叠放置，防止损坏锉齿。

（6）锉刀放在钳工台面上时，不允许露出台的边沿，以防止因碰撞掉下砸伤脚或摔坏锉刀。

4. 锉削方法

（1）锉刀的握法

如图 2-23 所示，一般右手握住锉刀柄，柄端贴靠在大拇指肌肉的根部，大拇指放在锉刀柄的上部，大拇指根部压在锉刀头上，其余四指满握手柄自然弯向手心并拢。

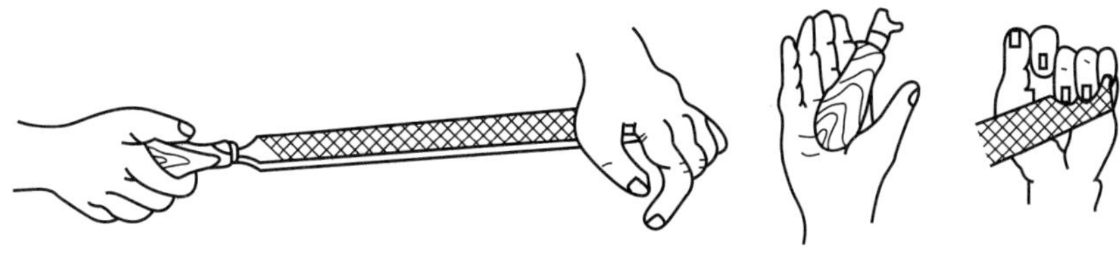

图 2-23 锉刀的握法

根据锉刀的大小和形状不同，锉刀有多种不同的握持方法。有手掌压锉法、手掌扣锉法、手指按压锉法、双手抱挫法、横推握锉法、掰锉法、牵锉法、整形锉正握法、整形锉反握法等。

(2) 站立步位和姿势

如图 2-24 所示，锉削时，身体位置与台虎钳中心平面呈约 45°角。两脚大致与肩同宽，左脚向前迈半步且与台虎钳中心平面呈约 30°角，右脚与台虎钳中心平面呈约 75°角，身体中心偏向左脚，右脚自然伸直，不要过于用力，右膝随锉削的往复运动而屈伸，视线盯着工件的切削部件。

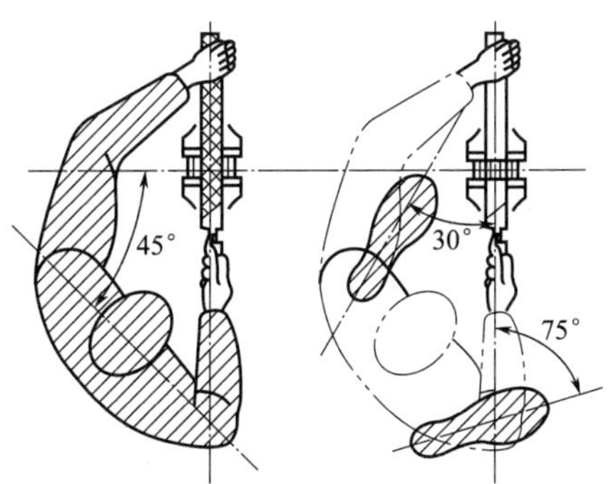

图 2-24 锉削时的站立步位和姿势

如图 2-25 所示，锉削时，在锉刀向前锉削的过程中，身体稍向前倾斜 10°左右，右肘尽量向后缩；开始锉削到前 1/3 行程时，身体前倾 15°左右，重心在左脚，左膝微曲；锉削到中 1/3 行程时，右肘向前推进锉刀，身体倾斜 18°左右；锉削到后 1/3 行程时，右肘继续向前推进锉刀，身体随锉削时的反作用力自然地退回到 15°左右；将身体中心后移，使身体恢复原位，同时将锉刀稍微抬起收回，至此完成一个锉削行程；在收回即将到位时，身体又开始做第二次锉削运动。一个锉削行程分为锉刀推进行程和锉刀回退行程两个阶段，锉削速度约 40 次每分钟，推进行程时稍慢，回退行程时稍快。

(3) 锉削力矩的平衡

如图 2-26 所示，锉削时，两手姿势必须保证锉刀平直，进退锉刀的两手下压力应平衡。锉削力是由水平推力和垂直压力两者合成的，推力主要由右手控制，垂直压力由两手控制。在锉削时，由于锉刀两端伸出工件的长度在不断变化，因此两手对锉刀的压力大小也必须跟随着变化。操作要点为：压力开始左大右小，中间左右相同，结束左小右大。

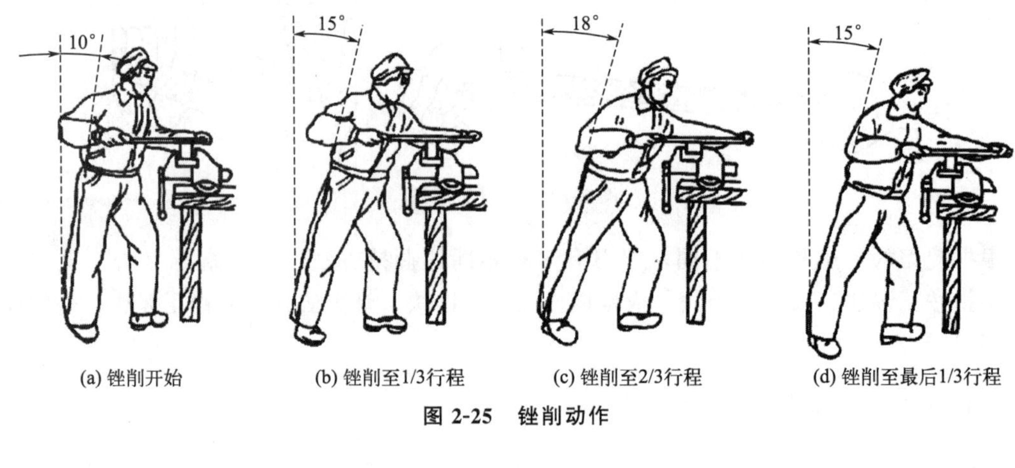

(a) 锉削开始　(b) 锉削至1/3行程　(c) 锉削至2/3行程　(d) 锉削至最后1/3行程

图 2-25 锉削动作

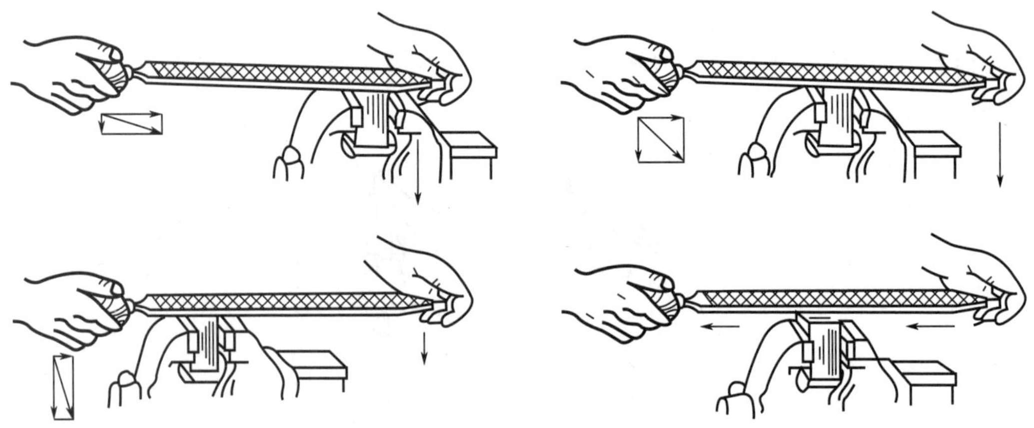

图 2-26 锉平面时两手的压力变化

(4) 锉削工件的装夹

工件必须牢固地夹持在台虎钳上，伸出钳口不能太高，约 10mm 左右，太高会使工件在锉削时产生振动，发出刺耳的响声。

装夹已加工表面时，应在台虎钳钳口加上紫铜垫片或其他较软的钳口垫片。

装夹工件时拧紧力不能太大，以免工件发生变形。

5. 平面锉削

锉削平面时一般有顺向锉法、交叉锉法和推锉法三种锉削方法。

(1) 顺向锉法

如图 2-27 所示，顺向锉法是指锉刀始终沿着同一方向运动的锉削。此法可得到顺直的锉痕，较整齐美观，适用于工件表面最后的锉光，但锉削技术差时，易产生中凸现象。

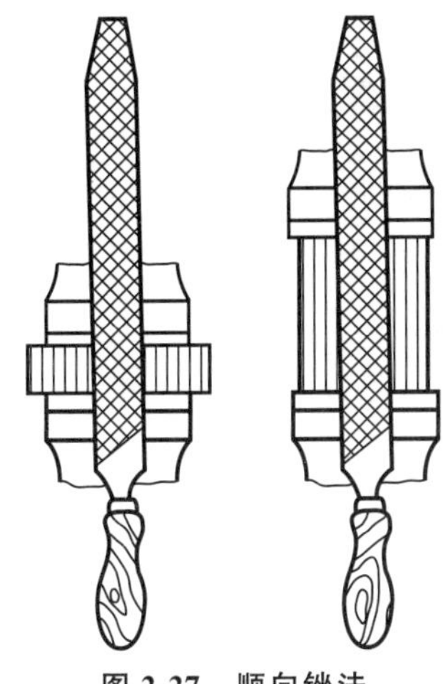

图 2-27　顺向锉法

（2）交叉锉法

如图 2-28 所示，交叉锉法是从两个方向交叉对工件进行锉削。锉刀运动方向与工件夹持方向呈 30°～45°左右的角，锉削时锉刀与工件的接触面增大，较容易掌握好锉刀的平稳。此法可从锉痕上显示出锉削面的高低情况，较容易把高处锉去，表面容易锉平，但锉纹交叉不美观。

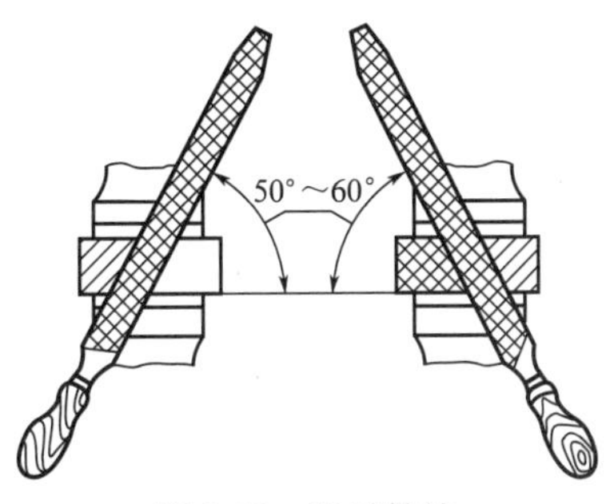

图 2-28　交叉锉法

（3）推锉法

如图 2-29 所示，推锉法是用两手对称地横握锉刀，用大拇指平衡地沿工件表面来回推动进行锉削的方法。此法在操作时锉刀的平衡容易掌握，切削量较小，可获得较平的锉削表面、较小的表面粗糙度和顺直的锉纹，光亮美观，但锉削效率不高，适用于精锉和修顺锉纹。

6. 锉削平面的检验

平面锉削时的检验内容有平面度的检验和垂直度的检验。

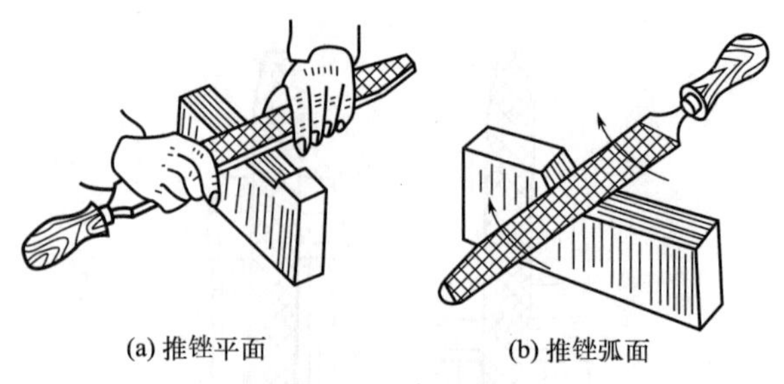

(a) 推锉平面　　(b) 推锉弧面

图 2-29　推锉法

（1）平面度的检验

在平面的锉削过程中或锉好后，通常采用刀口尺以透光法来对工件进行平面度的检验。刀口尺沿锉削面的横向、纵向、对角线方向进行检查，根据刀口与工件表面之间的透光强弱程度来判断平面度的误差。工件表面透光线强弱不均，说明该检测处凸凹不平，透光强处为凹，光线越强则凹得越深，透光弱处为凸，不透光处则为最高处，如图 2-30 所示。

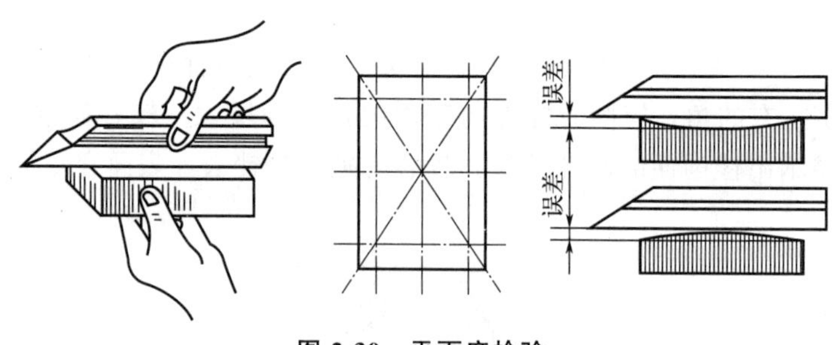

图 2-30　平面度检验

（2）垂直度的检验

在检验之前，先用细齿锉刀将工件的锐边倒钝，再用 90°直角尺以透光法来检验工件。用角尺进行检验时，将角尺的基准面轻轻地贴紧在工件的基准面上，角尺的测量面再与被测量表面轻轻贴上，当角尺的测量边垂直接触到检测表面时，用透光法检验。其要求与平面度的检验要求相同。注意角尺不能斜放，角尺不能在被测量表面上滑动，否则会造成检测结果不准确，如图 2-31 所示。

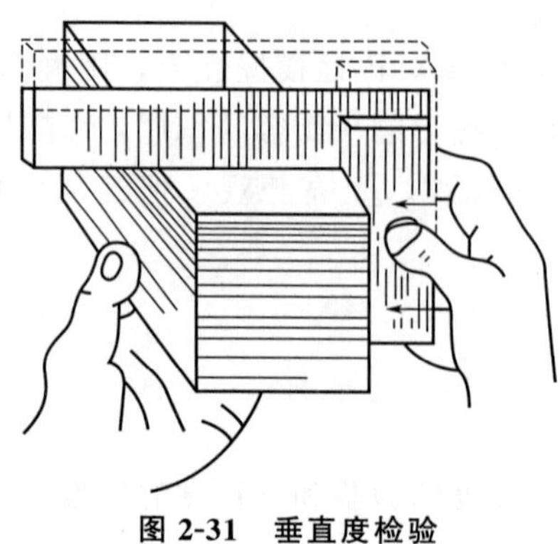

图 2-31　垂直度检验

锉削训练

在 80mm×50mm×40mm 的钢板上完成如图 2-32 所示工件的锉削。

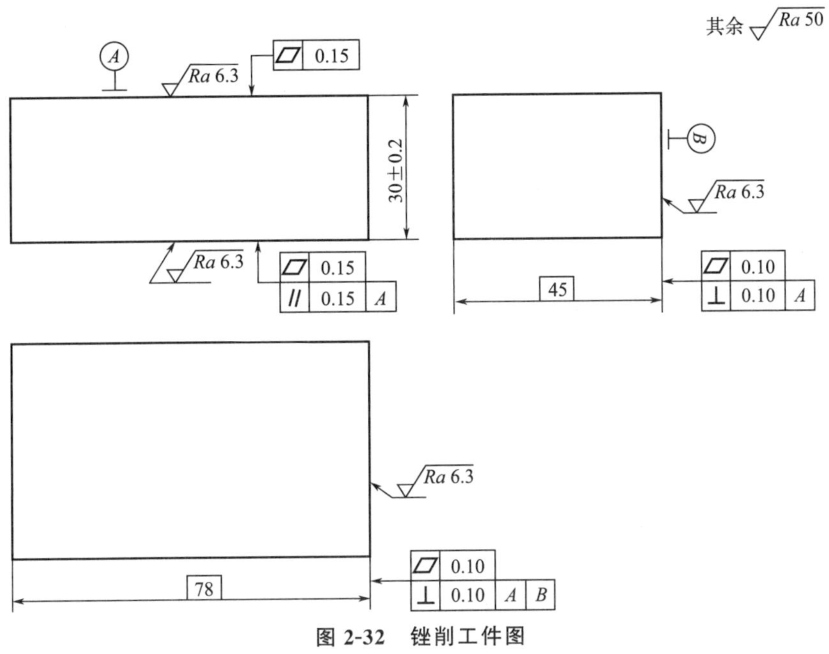

图 2-32 锉削工件图

一、准备工作

（1）材料准备：80mm×50mm×40mm 钢板一块。

（2）工具准备：锉刀、钢丝刷等。

（3）量具准备：游标卡尺、直角尺、塞尺等。

二、锉削

步骤一：用 300mm 粗扁锉，加工基准面 A 面，达到平面度≤0.15mm，表面粗糙度≤6.3μm。

步骤二：加工与基准面 A 面相垂直的第二基准面 B 面，达到平面度≤0.10mm，与基准面 A 面的垂直度≤0.10mm，表面粗糙度≤6.3μm。

步骤三：加工与基准面 A 面相平行的对平面，达到尺寸精度为（30±0.20)mm，平面度≤0.15mm，与基准面 A 面的平行度≤0.15mm，表面粗糙度≤6.3μm。

步骤四：加工与基准面 A 面、基准面 B 面相垂直的第三基准面 C 面，达到对基准面 A

面、基准面 B 面垂直度≤0.10mm、平面度≤0.10mm、表面粗糙度≤6.3μm。

步骤五：用300mm粗扁锉全面精度复检，并作必要的修整锉削，最后将各锐边均匀倒钝。

步骤六：清理工件，打标记。

步骤七：打扫卫生，提交工件。

实训 4　錾削

一、基本概念

用锤子打击錾子对金属工件进行切削加工的方法，称为錾削。

錾削可用于不便机械加工的场合，如去除毛坯上的凸缘、毛刺、浇口、冒口，还可以用于分割材料，錾削平面及沟槽等。

二、錾子的种类及应用

（1）扁錾　图 2-33(a) 所示为扁錾，其切削部分扁平，刃口略带弧形，主要用来錾削平面、去毛刺和分割板料等。

（2）尖錾　图 2-33(b) 所示为尖錾，其切削刃比较短，切削部分的两侧面，从切削刃到錾身是逐渐狭小，以防止錾槽时两侧面被卡住。

（3）油槽錾　图 2-33(c) 所示为油槽錾。其切削刃很短，并呈圆弧状，用于錾削轴瓦和机床平面上的油槽等。

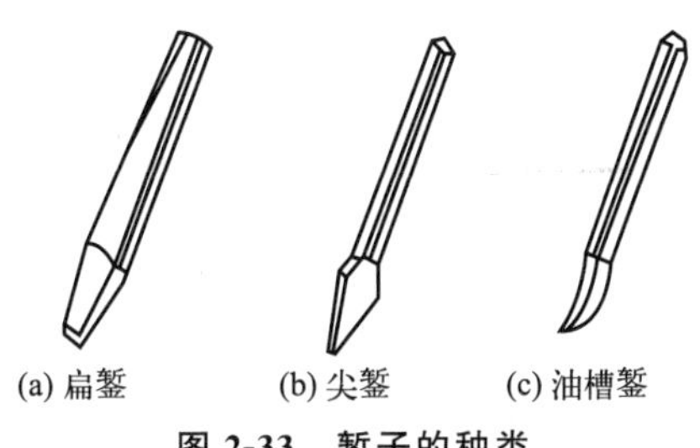

图 2-33　錾子的种类

三、錾削基本操作

1. 锤子的握法

（1）紧握法：右手五指紧握锤柄，拇指合在食指上，虎口对准锤头方向，木柄尾端露出

15～30mm。在挥锤和锤击过程中，五指始终紧握，如图 2-34 所示。

（2）松握法：只用拇指和食指握紧锤柄。在挥锤时，小指、无名指和中指则依次放松。在锤击时，又以相反的次序收拢握紧，如图 2-35 所示。

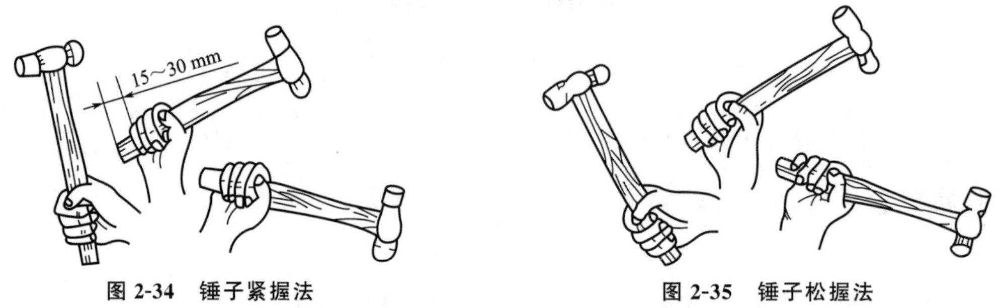

图 2-34　锤子紧握法　　图 2-35　锤子松握法

2. 錾子的握法

（1）正握法：腕部伸直，用中指、无名指握住錾子，小指自然合拢，食指和拇指自然松靠，錾子头部伸出约 20mm，如图 2-36(a) 所示。

（2）反握法：手心向上，手指自然捏住錾子，手掌悬空，见图 2-36(b)。

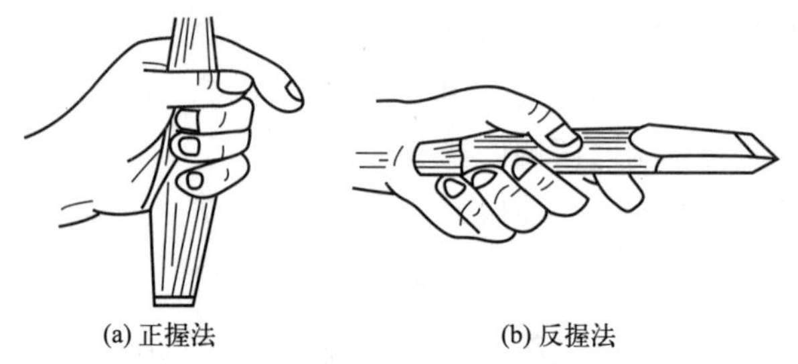

(a) 正握法　(b) 反握法

图 2-36　錾子握法

3. 挥锤方法

（1）腕挥，如图 2-37(a) 所示，仅挥动手腕进行锤击运动，采用紧握法握锤，腕挥频率

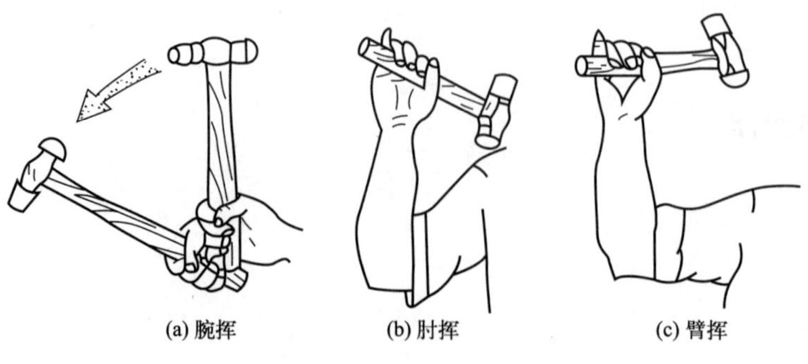

(a) 腕挥　(b) 肘挥　(c) 臂挥

图 2-37　挥锤方法

约 50 次/min。用于錾削余量较少的工件。

（2）肘挥，如图 2-37(b) 所示，手腕与肘部一起挥动进行锤击运动，采用松握法肘挥频率约 40 次/min。用于需要较大力錾削的工件。

（3）臂挥，如图 2-37(c) 所示，手腕、肘和全臂一起挥动，其锤击力最大。用于需要大力錾削的工件。

4. 錾削站立的姿势

为了充分发挥较大的敲击力量，操作者必须保持正确的站立位置，如图 2-38 所示，左脚跨前半步，两腿自然站立，人体重心稍微偏向后方，视线要落在工件的錾削部位。

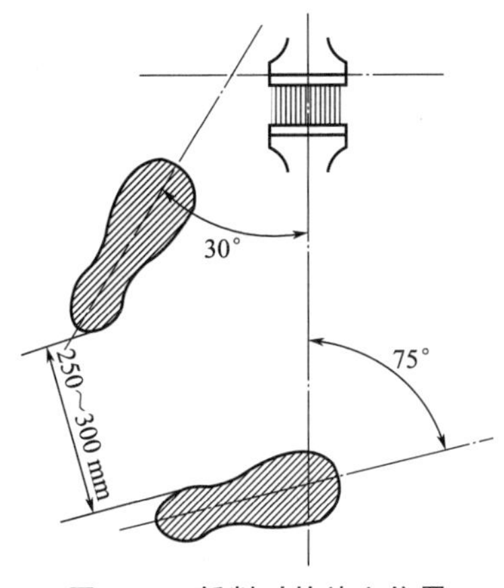

图 2-38　錾削时的站立位置

5. 锤击要领

（1）挥锤肘收臂提起，举锤过肩；手腕后弓，三指微松；锤面朝天，稍停瞬间。左脚着力，右腿伸直。

（2）锤击目视錾刃，臂肘齐下；收紧三指，手腕加劲；锤錾一线，锤走弧形。

（3）要求：稳——节奏平稳；准——锤击准确；狠——锤击有力。

6. 錾削板料方法

（1）板料夹在台虎钳上錾切时，板料按划线与钳口平齐，用扁錾沿着钳口并斜对着板料（约呈 45°角）自右向左錾切，如图 2-39 所示。

錾切时，錾子刃口不可正对板料錾切，否则由于板料的弹动和变形，易造成切断处不平整或出现裂缝。

（2）对尺寸较大的板料或錾切线有曲线而不能在台虎钳上錾切时，可在铁砧（或旧平板）上进行，如图 2-40 所示。此时，切断用錾子的切削刃应磨成适当的弧形，以使前后錾痕连接齐整，如图 2-41(a) 所示，否则錾痕容易错位，如图 2-41(b) 所示。

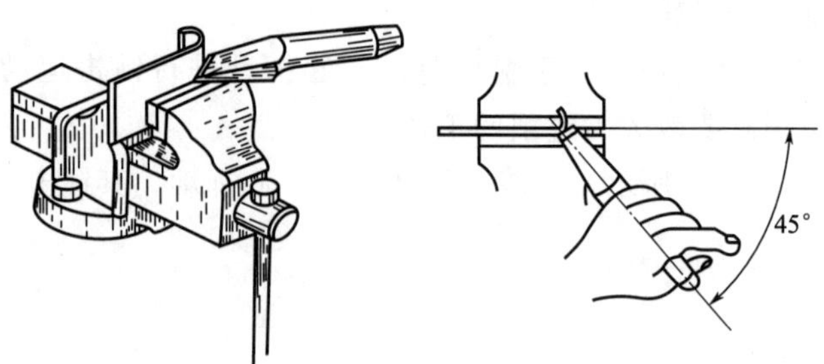

图 2-39 在台虎钳上錾切板料

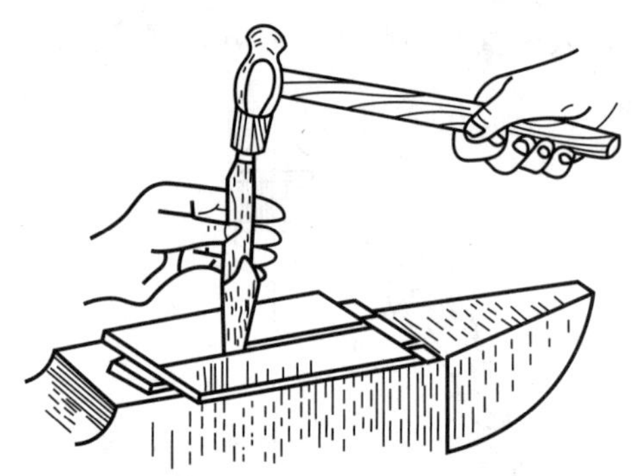

图 2-40 在铁砧上錾切板料

当錾切直线段时，錾子切削刃的宽度可宽些（用扁錾）；錾切曲线时，刃宽应根据其曲率半径大小而定，以使錾痕能与曲线基本一致。

錾切时，应由前向后錾，开始时錾子应放斜些，似剪切状，然后逐步放垂直，如图 2-41（c）、（d）所示，依次逐步錾切。

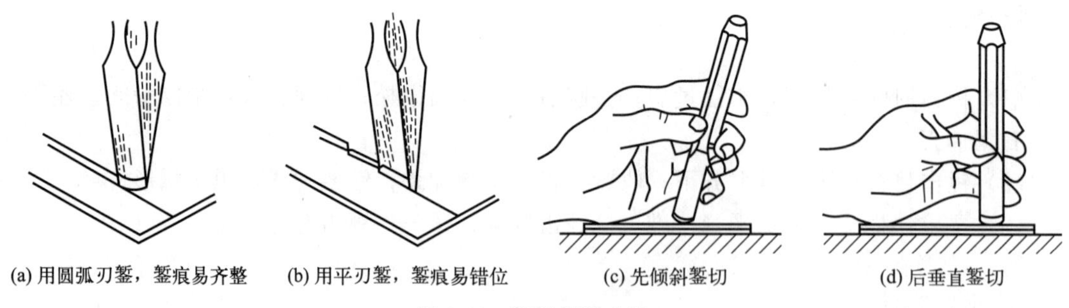

图 2-41 錾切板料方法

（3）当工件轮廓线较复杂的时候，为了减少工件变形，一般先按轮廓线钻出密集的排孔。然后再用扁錾、尖錾逐步錾切，如图 2-42 所示。

7. 錾削平面方法

在錾削平面时采用斜角起錾。先在工件的边缘尖角处（见图 2-43）轻轻敲打錾子，錾削出一斜面，同时慢慢地把錾子移向中间，然后按正常錾削角度进行。

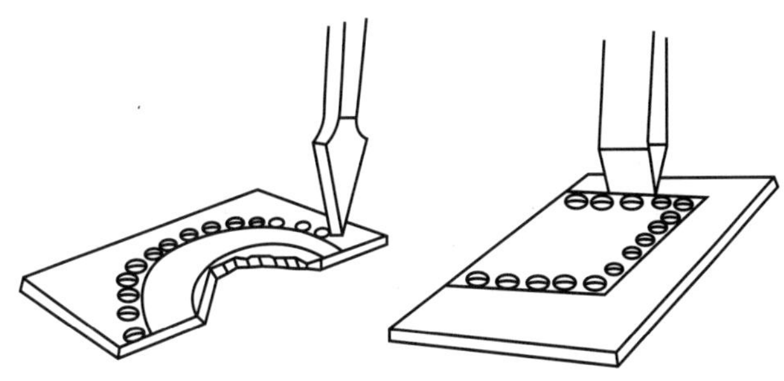

图 2-42　用密集钻孔配合錾切

在錾削槽时应采用正面起錾，錾子刃口要贴住工件端面，先錾削出一个斜面（如图 2-44），然后按正常錾削角度进行。

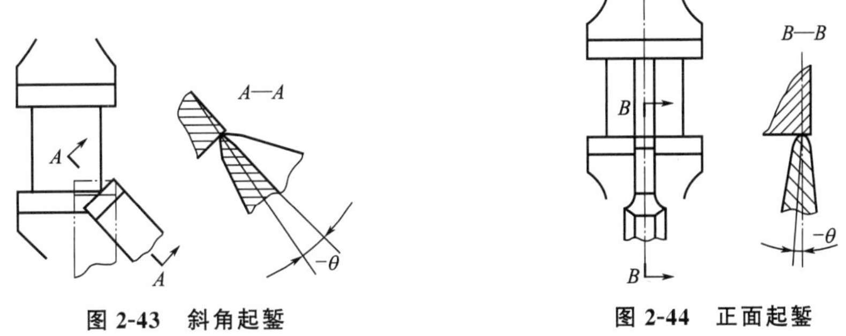

图 2-43　斜角起錾

图 2-44　正面起錾

终錾时，要防止工件边缘材料崩裂，当錾削接近尽头 10～15mm 时，必须掉头錾去余下部分，如图 2-45 所示。

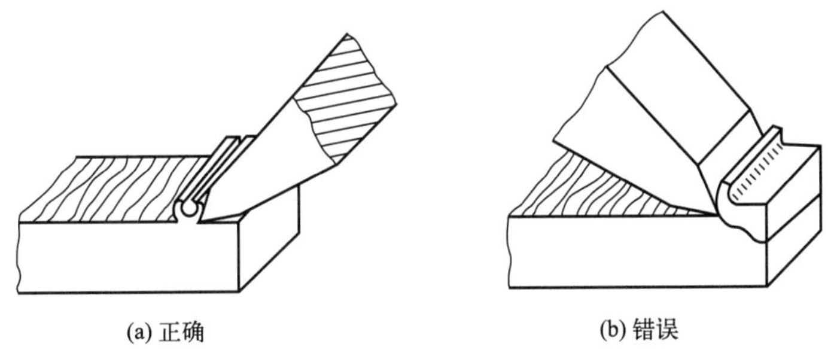

(a) 正确　(b) 错误

图 2-45　錾到尽头时的錾削方法

8. 錾削油槽方法

油槽錾的切削部分应根据图样上油槽的断面形状、尺寸进行刃磨，同时在工件需錾削油槽部位划线。起錾时，要慢慢地加深尺寸，錾到尽头时刃口必须慢慢翘起，保证槽底圆滑过渡。如果在曲面上錾削油槽（如图 2-46），錾子倾斜程度应随着曲面而变动，使錾削时的后角保持不变，保证錾削顺利进行。

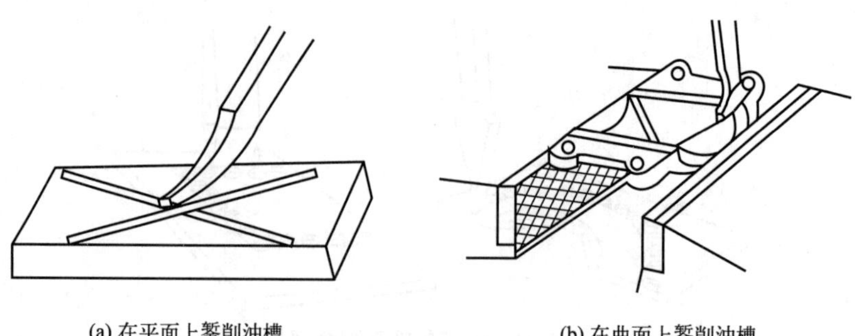

(a) 在平面上錾削油槽　　(b) 在曲面上錾削油槽

图 2-46　錾削油槽

实训 5 孔加工

一、钻孔

钻孔是指用钻头在实体材料上加工出孔的方法。

1. 钻削运动

钻削时将工件固定，把钻头安装在钻床主轴上做旋转运动，称为主运动，钻头沿轴线方向移动称为进给运动，如图 2-47 所示。

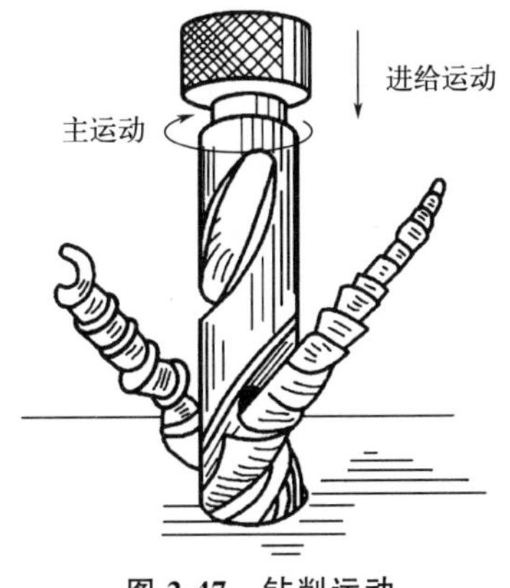

图 2-47 钻削运动

2. 钻削特点

（1）摩擦严重，需要较大的钻削力。

（2）产生的热量多，而且传热、散热困难，切削温度较高。

（3）钻头的高速旋转和较高的切削温度会造成钻头磨损严重。

（4）由于钻削时的挤压和摩擦，容易产生孔壁的冷作硬化现象，给下道工序增加困难。

（5）钻头细而长，钻孔容易产生振动。

（6）加工精度低，尺寸公差等级只能达到 IT11～IT10，表面粗糙度只能达到 Ra100～25μm。

二、钻削工具

1. 麻花钻

麻花钻由柄部、颈部和工作部分构成，如图 2-48 所示。麻花钻直径大于 6mm 时，常制成焊接式。其工作部分的材料一般用高速钢（W18Cr4V 或 W6Mo5Cr4V2）制成，淬火后的硬度可达 62～68HRC。其柄部的材料一般采用 45 钢。

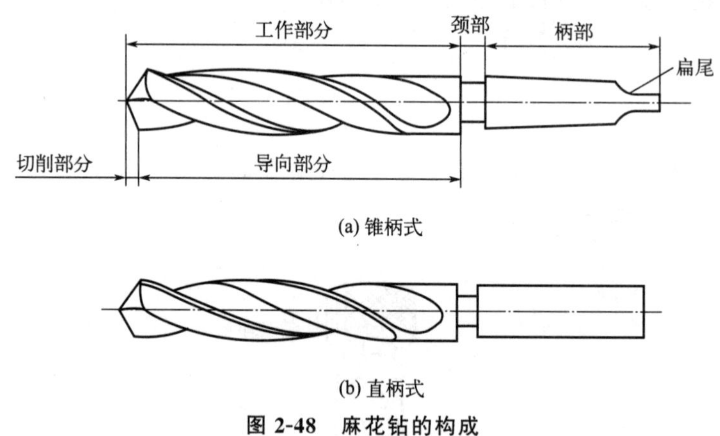

(a) 锥柄式

(b) 直柄式

图 2-48 麻花钻的构成

柄部是钻头的夹持部分，用来定心和传递动力，有锥柄式和直柄式两种。一般直径小于 13mm 的钻头做成直柄式；直径大于 13mm 的钻头做成锥柄式。

颈部是为磨制钻头时供砂轮退刀用的，钻头的规格、材料和商标一般也刻印在颈部。麻花钻的工作部分又分为切削部分和导向部分。

如图 2-49 所示，标准麻花钻的切削部分由五刃（两条主切削刃、两条副切削刃和一条横刃）和六面（两个前刀面、两个后刀面和两个副后刀面）组成。

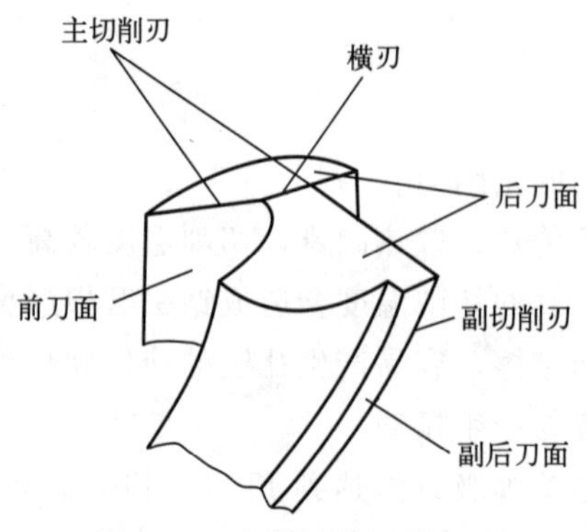

图 2-49 麻花钻的切削部分

2. 标准麻花钻的切削角度

(1) 麻花钻的辅助平面

图 2-50 所示为麻花钻头主切削刃上任意一点的基面、切削平面和正交平面的相互位置，三者互相垂直。

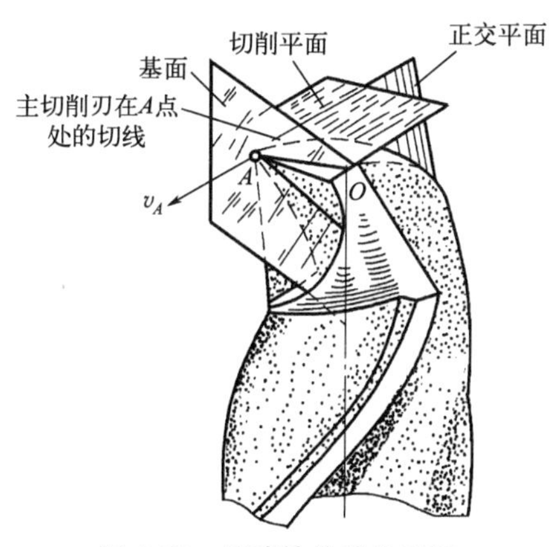

图 2-50 麻花钻的辅助平面

① 切削平面。麻花钻主切削刃上任一点的切削平面，可理解为是由该点的切削速度方向与该点切削刃的切线所构成的平面。此时的加工表面看成是一圆锥面，钻头主切削刃上任一点的切削速度方向是以该点到钻心的距离为半径、钻心为圆心所做圆周的切线方向，也就是该点与钻心连线的垂线方向。标准麻花钻主切削刃为直线，其切线就是钻刃本身。切削平面即为该点切削速度与钻刃构成的平面。

② 基面。切削刃上任一点的基面是通过该点，而又与该点切削速度方向垂直的平面，实际上是通过该点与钻心连线的径向平面。由于麻花钻两主切削刃不通过钻心，而是平行并错开一个钻心厚度的距离，因此，钻头主切削刃上各点的基面是不同的。

③ 正交平面。通过主切削刃上任一点并垂直于切削平面和基面的平面。

④ 柱剖面。通过主切削刃上任一点作与钻头轴线平行的直线，该直线绕钻头轴线旋转所形成的圆柱面即柱剖面。

(2) 标准麻花钻头的切削角度

图 2-51 所示为标准麻花钻头的切削角度。

① 前角 γ_o 在正交平面（图 2-51 中 $N_1—N_1$ 或 $N_2—N_2$）内，前刀面与基面之间的夹角称为前角。由于麻花钻的前刀面是一个螺旋面，沿主切削刃各点倾斜方向不同，所以主切削刃各点前角的大小是不相等的：近外缘处前角最大，可达 30°；自外缘向中心逐渐减小，在钻心至 $D/3$ 范围内为负值；横刃处 $\gamma_{o横}=-60°\sim-54°$；接近横刃处的前角 $\gamma_o=-30°$。前角大小决定着切除材料的难易程度和切屑在前刀面上所受的摩擦阻力大小。前角愈大，切

削愈省力。

② 后角 α_o 在柱剖面内，后刀面与切削平面之间的夹角，称为后角，如图 2-51 所示。主切削刃上各点的后角刃磨不等。

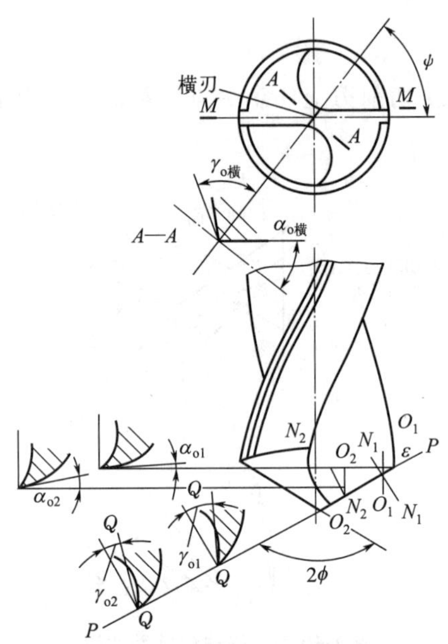

图 2-51 标准麻花钻头的切削角度

③ 顶角 2ϕ 麻花钻的顶角又称锋角或钻尖角，它是两主切削刃在其平行平面 M-M 上的投影之间的夹角，如图 2-51 所示。顶角的大小可根据加工条件通过钻头刃磨来决定。标准麻花钻的顶角 $2\phi=118°\pm2°$，这时两主切削刃呈直线形。若 $2\phi>118°$，则主切削刃呈内凹形；$2\phi<118°$，则主切削刃呈外凸形。顶角的大小影响主切削刃上轴向力的大小。顶角愈小，则轴向力愈小，外缘处刀尖角 ε 增大，有利于散热和提高钻头耐用度。但顶角减小后，在相同条件下，钻头所受的扭矩增大，切屑变形加剧，排屑困难，会妨碍切削液的进入。

④ 横刃斜角 ψ 是横刃与主切削刃在钻头端面内的投影之间的夹角。它是在刃磨钻头时自然形成的，其大小与后角和顶角的大小有关。当后角磨得较大时，横刃斜角就会减小，而横刃的长度会增大，如图 2-51 所示。

3. 标准麻花钻头的缺点

① 横刃较长，横刃处前角为负值，在切削中，横刃处于挤刮状态，所受进给力较大，使钻头容易发生抖动，定心不良。

② 主切削刃上各点的前角大小不一样，致使各点切削性能不同。

③ 钻头的副后角为零，靠近切削部分的棱边与孔壁的摩擦比较严重，容易发热和磨损。

④ 主切削刃外缘处的刀尖角较小，前角很大，刀齿薄弱，而此处的切削速度却最高，故产生的切削热量最多，磨损极为严重。

⑤ 主切削刃长，而且全宽参加切削。

4. 标准麻花钻头的修磨

① 磨短横刃并增大靠近钻心处的前角，修磨横刃的部位如图 2-52 所示。

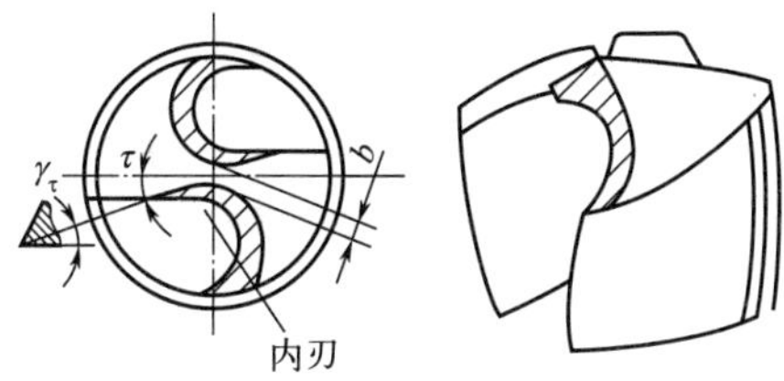

图 2-52 修磨横刃

② 修磨主切削刃，修磨主切削刃的方法如图 2-53 所示。

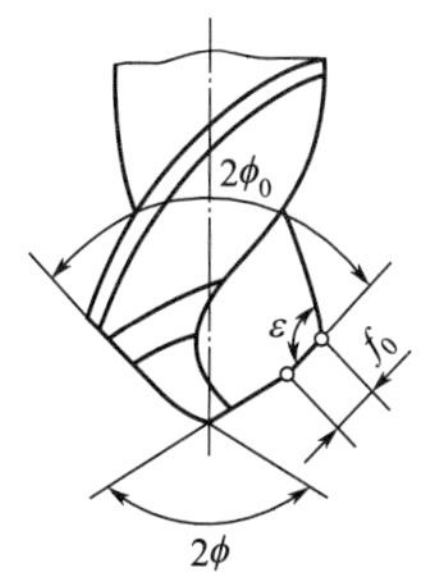

图 2-53 修磨主切削刃

③ 修磨棱边，如图 2-54 所示，在靠近主切削刃的一段棱边上，磨出副后角 $\alpha_{o1}=6°\sim8°$，并保留棱边宽度为原来的 1/3～1/2，以减少对孔壁的摩擦，提高钻头寿命。

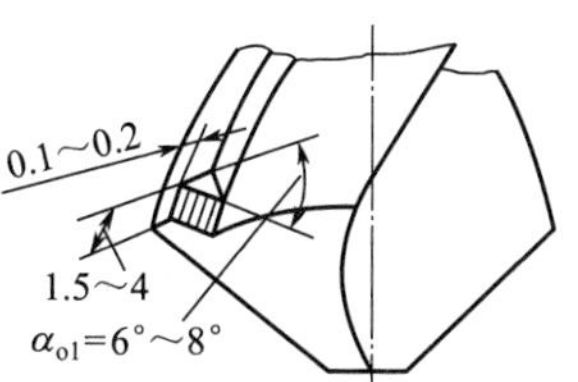

图 2-54 修磨棱边

④ 修磨外缘处前刀面，如图 2-55 所示。

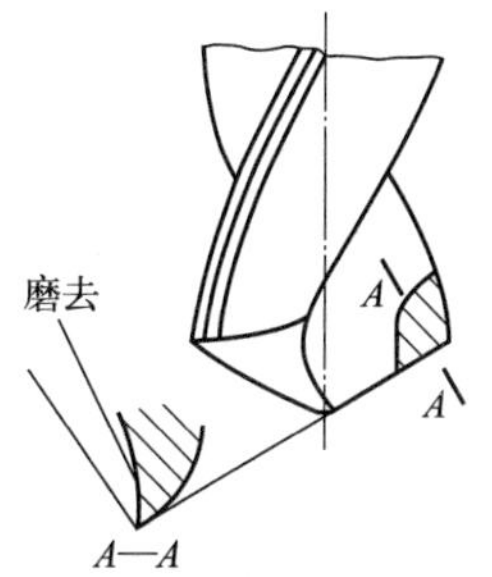

图 2-55 修磨外缘处前刀面

⑤ 在两个后刀面上磨出几条相互错开的分屑槽，使切屑变窄，以利排屑，如图 2-56 所示。

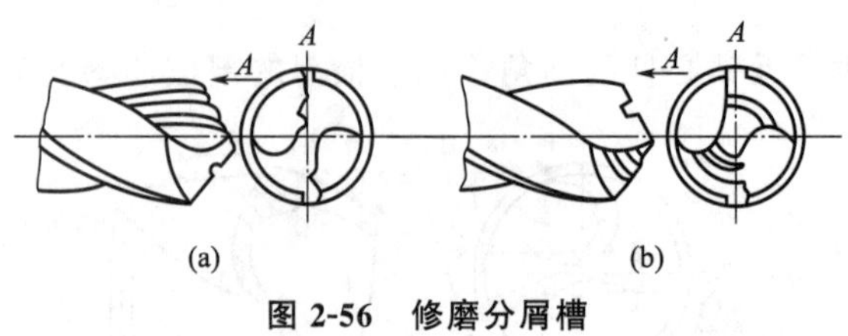

图 2-56 修磨分屑槽

三、钻削用量及其选择

（1）钻削用量

钻削用量包括切削速度、进给量和背吃刀量三要素，如图 2-57 所示。

① 钻削时的切削速度（v）。

② 钻削时的进给量（f）。

③ 背吃刀量（a_p）。

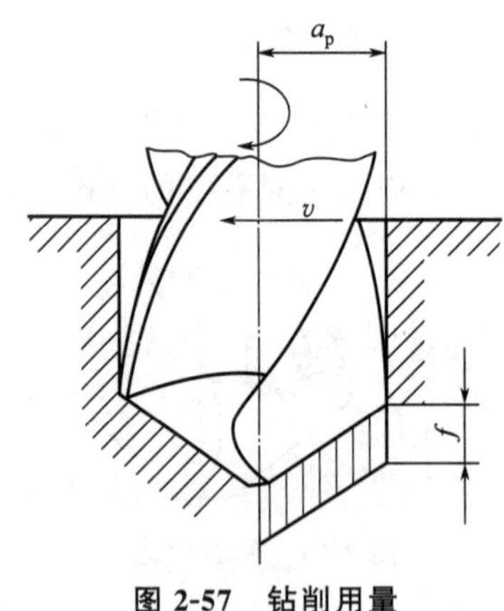

图 2-57 钻削用量

（2）钻削用量的选择方法

① 背吃刀量的选择。直径小于 30mm 的孔可一次钻出；直径为 30～80mm 的孔可分两次钻削，先用直径为（0.5～0.7）D（D 为要求的孔径）的钻头钻底孔，然后用直径为 D 的钻头将孔扩大。这样可以减小背吃刀量及进给力，保护机床，同时提高钻孔质量。

② 进给量。当孔的精度要求较高且表面粗糙度值较小时，应选择较小的进给量；当钻较深孔、钻头较长以及钻头刚性、强度较差时，也应选择较小的进给量。

③ 钻削速度。一般根据经验选取，见表 2-2。

表 2-2 高速钢标准麻花钻的切削速度

加工材料	硬度/HBW	切削速度 v_c/(mm·min^{-1})	加工材料	硬度/HBW	切削速度 v_c/(mm·min^{-1})
低碳钢	100～125 125～175 175～225	27 24 21	合金钢	175～225 225～275 275～325 325～375	18 15 12 10
中、高碳钢	125～175 175～225 225～275 275～325	22 20 15 12	灰铸铁	100～140 140～190 190～220 220～260 260～320	33 27 21 15 9
可锻铸铁	110～160 160～200 200～240 240～280	42 25 20 12	球墨铸铁	140～190 190～225 225～260 260～300	30 21 17 12
铝合金	60～150	75～90	铜合金	100～160	20～48
镁合金	60～150	75～90	高速钢	200～250	13

四、钻孔的方法

钻孔的方法与生产规模有关。当需要大批生产时，要借助于夹具来保证加工位置的正确；当需要单件、小批生产时，则要借助于划线来保证加工位置的正确。

1. 一般工件的加工

钻孔前应把孔中心的冲眼用样冲再冲大一些，使钻头的横刃预先落入冲眼的锥坑中，这样钻孔时钻头不易偏离孔的中心。

2. 在圆柱形工件上钻孔

在轴类或套类等圆柱形工件上钻与轴线垂直并通过圆心的孔，当孔的中心线与工件中心线对称度要求较高时，钻孔前应在钻床主轴下安放一块 V 形铁，以备搁置圆柱形工件，如图 2-58 所示。

3. 在斜面上钻孔

防止钻头折断的方法如下：

（1）在斜面的钻孔处先用立铣刀铣出或用錾子錾出一个平面，然后再划线钻孔。

（2）用圆弧刃多功能钻直接钻出，如图 2-59 所示。

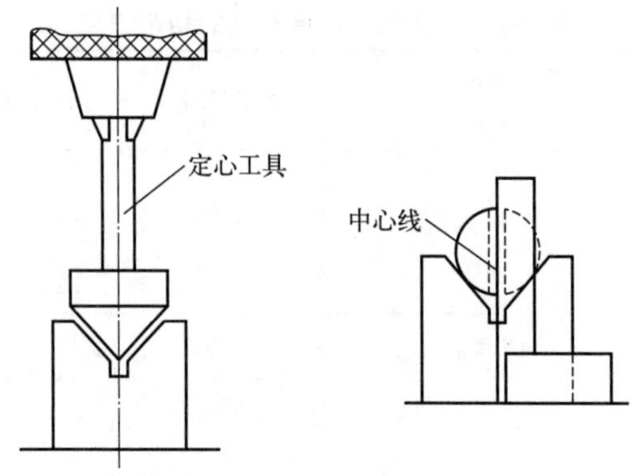

图 2-58 在圆柱形工件上钻孔

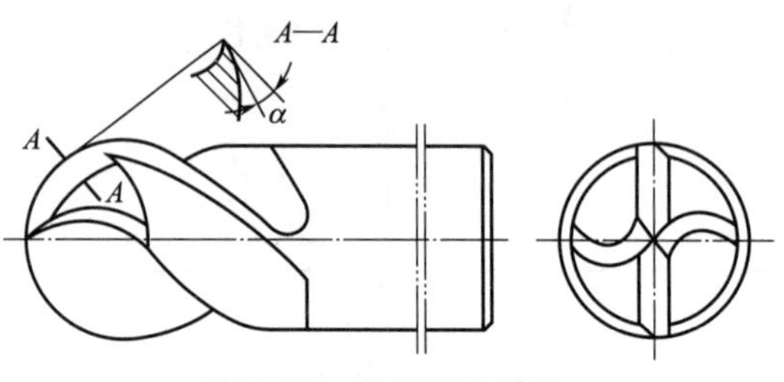

图 2-59 在斜面上钻孔

4. 钻半圆孔

（1）相同材料合起来钻。
（2）不同材料“借料”钻。
（3）使用半孔钻加工。

五、钻孔时的冷却和润滑

钻孔一般属于粗加工，又是半封闭状态加工，摩擦严重，散热困难。加切削液的目的应以冷却为主。表 2-3 为钻各种工件材料所用的切削液。

表 2-3 钻各种工件材料所用的切削液

工件材料	切削液
各类结构钢	3%～5%乳化液，7%硫化乳化液
不锈钢、耐热钢	3%肥皂加 2%亚麻油水溶液，硫化切削油
纯铜、青铜、黄铜	不用，或 5%～8%乳化液
铸铁	5%～8%乳化液，煤油
铝合金	不用，或 5%～8%乳化液，煤油与菜油的混合油
有机玻璃	5%～8%乳化液，煤油

六、钻头损坏的原因

钻头损坏的原因是钻头太钝、切削用量太大、排屑不畅、工件装夹不妥以及操作不正确等。

（1）钻孔前检查钻床的润滑，保持调速良好，保持工作台面清洁，不准放置刀具、量具等物品。

（2）操作钻床时不可戴手套，袖口必须扎紧，戴好工作帽。

（3）工件必须夹紧、夹牢。

（4）开动钻床前，应检查钻钥匙或斜铁是否插在钻床主轴上。

（5）操作者的头部不能太靠近旋转着的钻床主轴，停车时应让主轴自然停止，不能用手刹住，也不能反转制动。

（6）钻孔时不能用手和棉纱或用嘴吹来清除切屑，必须用毛刷清除，切屑绕在钻头上时要用钩子勾去或停车清除。

（7）严禁在开车状态下装拆工件；检验工件和变速必须在停车状态下完成。

（8）清洁钻床或加注润滑油时，必须切断电源。

七、扩孔与扩孔钻

扩孔是用扩孔钻对工件上已经钻出、铸出或锻出的孔作进一步加工的方法。

1. 扩孔的特点（图 2-60）

（1）背吃刀量较钻孔时有所减小，切削阻力小，切削条件大大改善。

（2）避免了横刃切削所引起的不良影响。

（3）产生切屑体积小，排屑容易。

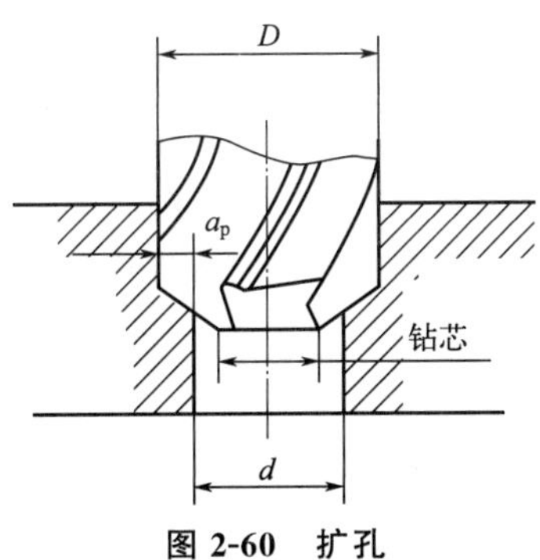

图 2-60 扩孔

2. 扩孔钻的特点（图 2-61）

（1）因中心不切削，故刀具没有横刃，切削刃只做成靠边缘的一段。

（2）因扩孔产生的切屑体积小，不需大容屑槽，从而扩孔钻可以加粗钻芯，提高刚度，使切削平稳。

（3）由于容屑槽较小，扩孔钻可做出较多刀齿，增强导向作用。

（4）因背吃刀量较小，切削角度可取较大值，使切削省力。

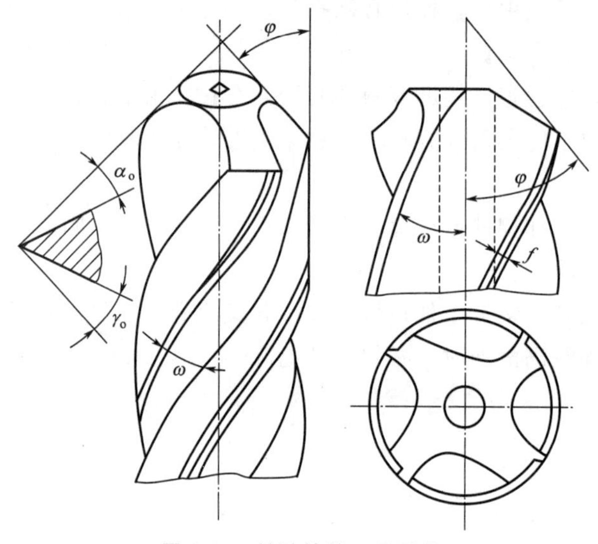

图 2-61　扩孔钻的工作部分

八、锪钻与锪孔

1. 锪钻的种类和特点

（1）柱形锪钻　锪圆柱形沉孔的锪钻称为柱形锪钻（图 2-62），其应用如图 2-63(a) 所示。

（2）锥形锪钻　锪锥形沉孔的锪钻称为锥形锪钻，其应用如图 2-63(b) 所示。

（3）端面锪钻　专门用来锪平孔口端面的锪钻称为端面锪钻，其应用如图 2-63(c) 所示。

2. 锪孔工作要点

（1）锪孔时，进给量为钻孔的 2～3 倍，切削速度为钻孔的 1/3～1/2。

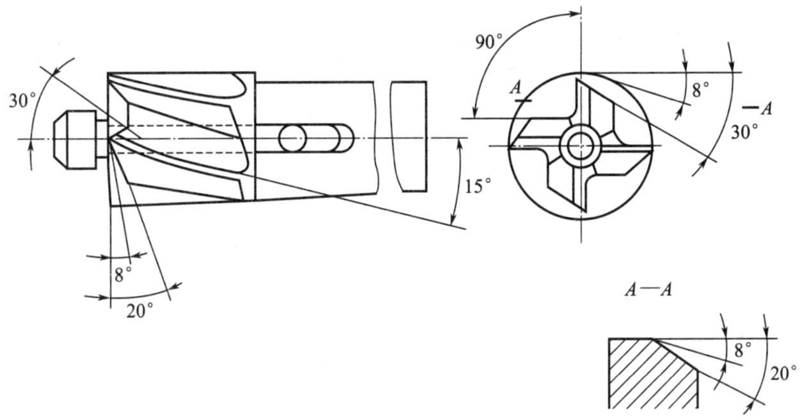

图 2-62 柱形锪钻

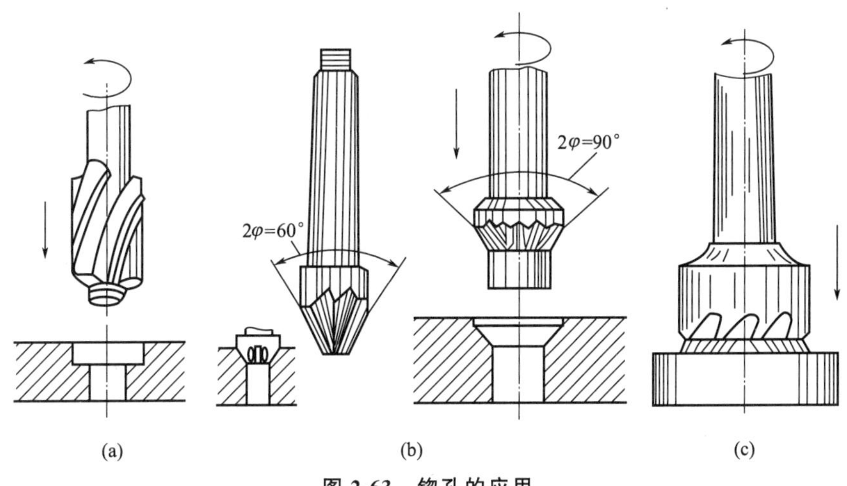

图 2-63 锪孔的应用

（2）尽量选用较短的钻头来改磨锪钻，并注意修磨前刀面，减小前角，以防止扎刀和振动。

（3）锪钢件时，因切削热量大，应在导柱和切削表面加切削液。

九、铰孔与铰刀

1. 铰刀的种类及结构特点

（1）整体圆柱铰刀

整体圆柱铰刀分机用和手用两种。其结构如图 2-64 所示。

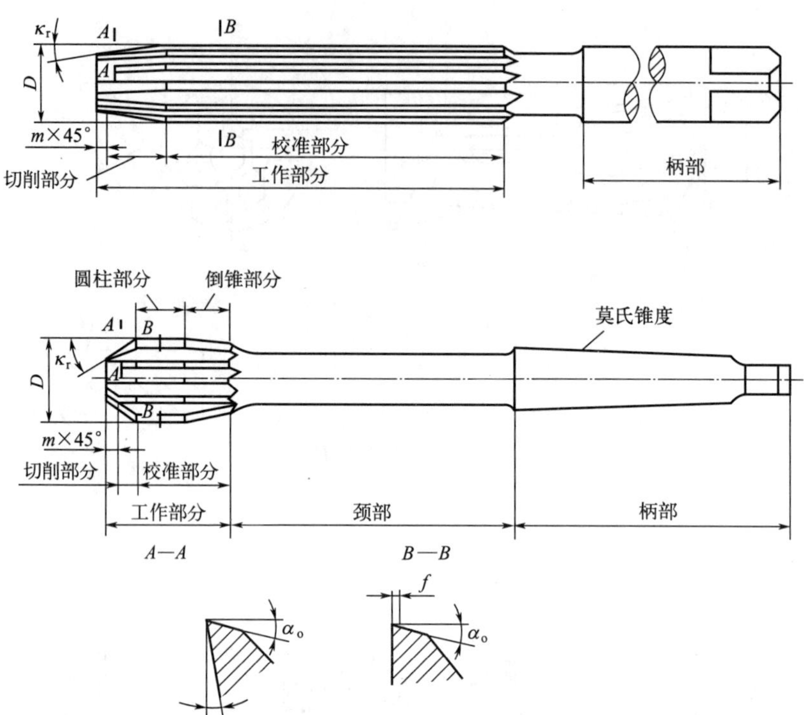

图 2-64　整体圆柱铰刀

① 切削顶角。切削顶角（$2\kappa_r$）决定铰刀切削部分的长度，对切削力的大小和铰削质量也有较大影响。适当减小切削顶角，是获得较小表面粗糙度值的重要条件。一般手用铰刀的 $\kappa_r=30'\sim1°30'$，这样定心作用好，铰削时进给力也较小，切削部分较长。机用铰刀铰削钢及其他韧性材料的通孔时，$\kappa_r=15°$；铰削铸铁及其他脆性材料的通孔时，$\kappa_r=3°$。用机用铰刀铰盲孔时，为了使铰出的圆柱部分尽量长，要采用 $\kappa_r=45°$ 的铰刀。

② 切削角度。铰孔的切削余量很小，切屑变形也小，一般铰刀切削部分的前角 $\gamma_o=0°\sim3°$，校准部分的前角 $\gamma_o=0°$，使铰削近于刮削，以减小孔壁粗糙度。铰刀切削部分和校准部分的后角 α_o 都磨成 6°～8°。

③ 校准部分刃带宽度 f。校准部分的切削刃上留有无后角的棱边，其作用是引导铰刀的铰削方向和修整孔的尺寸，同时也便于测量铰刀的直径。一般 $f=0.1\sim0.3$mm。

④ 倒锥量。为了避免铰刀校准部分的后面摩擦孔壁，一般在校准部分磨出倒锥量。机用铰刀铰孔时，因切削速度高，导向主要由机床保证。为减小摩擦和防止孔口扩大，其校准部分做得较短，倒锥量较大（0.04～0.08mm）。

⑤ 标准铰刀的齿数 z。直径 $D<20$mm 时，$z=6\sim8$；$D=20\sim50$mm 时，$z=8\sim12$。为了便于测量，铰刀齿数多取偶数，铰刀刀齿分布如图 2-65 所示。

⑥ 铰刀直径。铰刀直径是铰刀最基本的结构参数，其精确程度直接影响铰孔的精度。表 2-4 列出了部分未经研磨铰刀的直径公差及其适用范围。

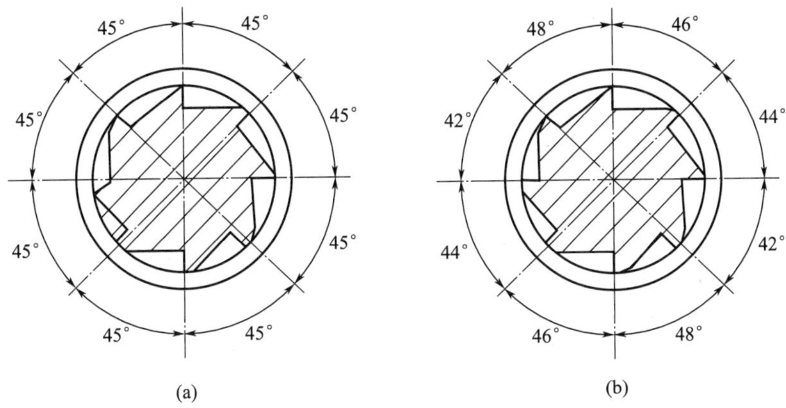

图 2-65　铰刀刀齿分布

表 2-4　部分未经研磨铰刀的直径公差及其适用范围

铰刀公称直径 d/mm	1号铰刀			2号铰刀			3号铰刀		
	上极限偏差/μm	下极限偏差/μm	公差/μm	上极限偏差/μm	下极限偏差/μm	公差/μm	上极限偏差/μm	下极限偏差/μm	公差/μm
3～6	17	9	8	30	22	8	38	26	12
>6～10	20	11	9	35	26	9	46	31	15
>10～18	23	12	11	40	29	11	53	35	18
>18～30	30	17	13	45	32	13	59	38	21
>30～50	33	17	16	50	34	16	68	43	25
>50～80	40	20	20	55	35	20	75	45	30
>80～120	46	24	22	58	36	22	85	50	35
未经研磨适用的范围	H9			H10			H11		
经研磨后适用的范围	N7、M7、K7、J7			H7			H9		

（2）可调节手用铰刀

可调节手用铰刀主要用来铰削标准直径系列的孔，如图 2-66 所示。

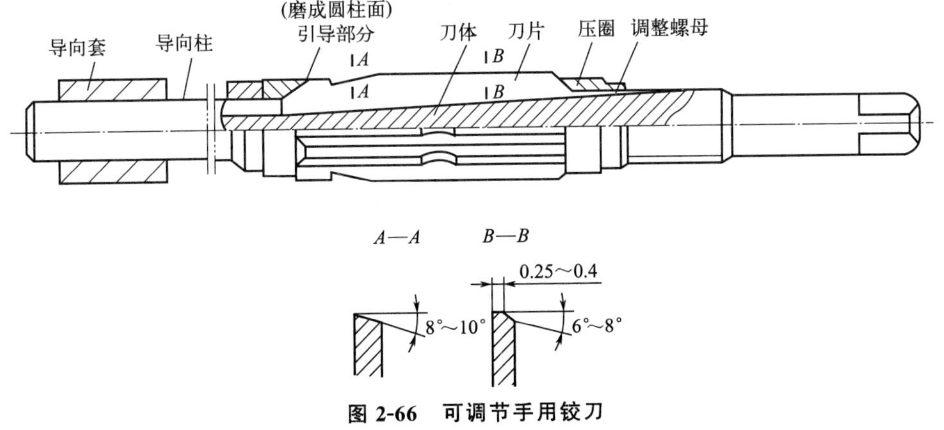

图 2-66　可调节手用铰刀

(3) 锥铰刀

① 1∶50 锥铰刀。用来铰削圆锥定位销孔的铰刀，其结构如图 2-67 所示。

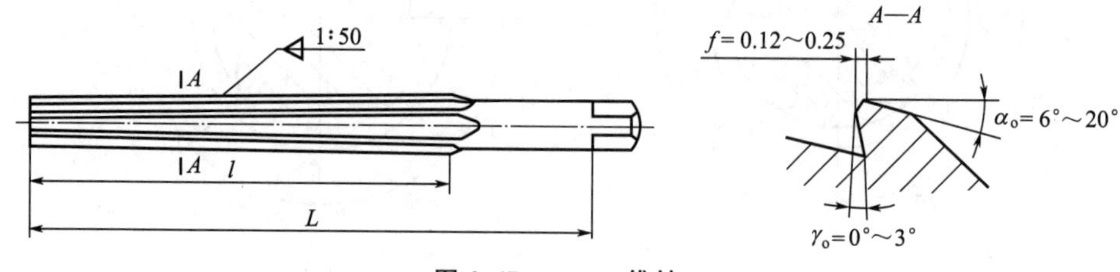

图 2-67 1∶50 锥铰刀

② 1∶10 锥铰刀。用来铰削联轴器上锥孔的铰刀。

③ 莫氏锥铰刀。用来铰削 0～6 号莫氏锥孔的铰刀，其锥度近似于 1∶20。

④ 1∶30 锥铰刀。用来铰削套式刀具上锥孔的铰刀。

(4) 螺旋槽手用铰刀

用普通直槽铰刀铰削有键槽孔时，因为切削刃会被键槽钩住，而使铰削无法进行，因此必须采用螺旋槽手用铰刀，如图 2-68 所示。

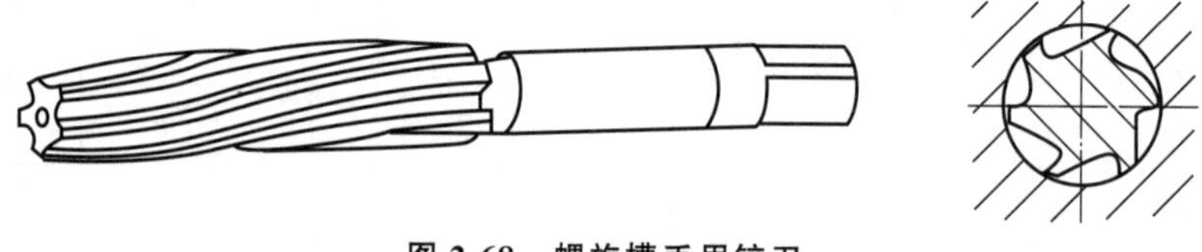

图 2-68 螺旋槽手用铰刀

(5) 硬质合金机用铰刀

为适应高速铰削和铰削硬材料，常采用硬质合金机用铰刀，如图 2-69 所示。

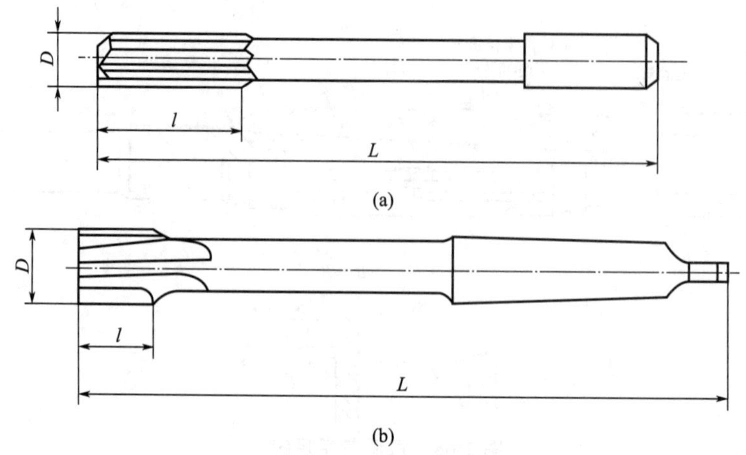

图 2-69 硬质合金机用铰刀

2. 铰削用量

（1）铰削余量。铰削余量是指上道工序（钻孔或扩孔）完成后留下的直径方向的加工余量。铰削余量见表 2-5。

表 2-5 铰削余量 单位：mm

铰孔直径	<5	5～20	21～32	33～50	51～70
铰削余量	0.1～0.2	0.2～0.3	0.3	0.5	0.8

（2）机铰切削速度。为了得到较小的表面粗糙度值，必须避免产生刀瘤，减少切削热及变形，因而应采用较小的切削速度。

（3）机铰进给量。进给量过大，铰刀易磨损，也影响加工质量；进给量过小，则很难切下金属材料，易形成材料挤压，使其产生塑性变形和表面硬化，最后形成刀刃，撕去大片切屑，使表面粗糙度增大，并加快铰刀磨损。

十、铰孔工作要点

铰孔的工作要点如下：

（1）工件要夹正、夹紧，但对薄壁零件的夹紧力不要过大，以防将孔夹扁。

（2）手铰过程中，两手用力要平衡，旋转铰杠时不得摇摆，铰削进给时，不要猛力压铰杠。

（3）铰刀不能反转，退出时也要顺转。

（4）在手铰过程中，如果铰刀被卡住，不能猛力扳转铰杠。

（5）机铰时要在铰刀退出后才能停车，否则孔壁会有刀痕或拉毛。

（6）机铰时要注意调整铰刀与所铰孔的中心位置，要注意机床主轴、铰刀和工件孔三者之间的同轴度是否满足要求。

十一、铰孔时的冷却和润滑

铰削时必须用适当的切削液冲掉切屑，以减少摩擦，降低工件和铰刀的温度，防止产生积屑瘤。铰孔时切削液的选用见表 2-6。

表 2-6 铰孔时切削液的选用

加工材料	切削液的种类
钢	① 10%～20%乳化液； ② 铰孔要求高时，可用 30%菜油加 70%肥皂水； ③ 铰孔要求更高时，可采用菜籽油、柴油、猪油等

续表

加工材料	切削液的种类
铸铁	① 不用切削液； ② 煤油，但会引起孔径缩小，最大收缩量为 0.02～0.04mm； ③ 低浓度乳化液
铝	煤油
铜	乳化液

十二、铰孔时常见问题及产生原因

铰孔时常见问题及产生原因见表 2-7。

表 2-7 铰孔时常见问题及产生原因

常见问题	产生原因
表面粗糙度达不到要求	① 铰刀刃口不锋利或有崩刃，铰刀切削部分和校准部分粗糙； ② 切削刃上粘有积屑瘤或容屑槽内切屑积结过多； ③ 铰削余量太大或太小； ④ 铰刀退出时反转； ⑤ 切削液不充足或选择不当； ⑥ 手铰时，铰刀旋转不平稳； ⑦ 铰刀偏摆过大
孔径扩大	① 手铰时，铰刀偏摆过大； ② 机铰时，铰刀轴线与工件孔的轴线不重合； ③ 铰刀未研磨，直径不符合要求； ④ 进给量和铰削余量太大； ⑤ 切削速度太高，使铰刀温度上升，直径增大
孔径缩小	① 铰刀磨损后，尺寸变小，仍继续使用； ② 铰削余量太大，引起孔弹性复原而使孔径缩小； ③ 铰削铸铁时加了煤油
孔呈多棱形	① 铰削余量太大或铰刀切削刃不锋利，使铰刀发生"啃切"，产生振动，而引起多棱形； ② 钻孔不圆使铰刀发生弹跳； ③ 机铰时，钻床主轴振摆太大
孔轴线不直	① 预钻孔孔壁不直，铰削时未能使原有弯曲度得以纠正； ② 铰刀主偏角太大，导向不良，使铰削方向发生偏歪； ③ 手铰时，两手用力不均

孔加工训练

在 100mm×80mm×10mm 钢板上完成如图 2-70 所示工件的划线。

一、准备工作

（1）材料准备：100mm×80mm×10mm 钢板一块。

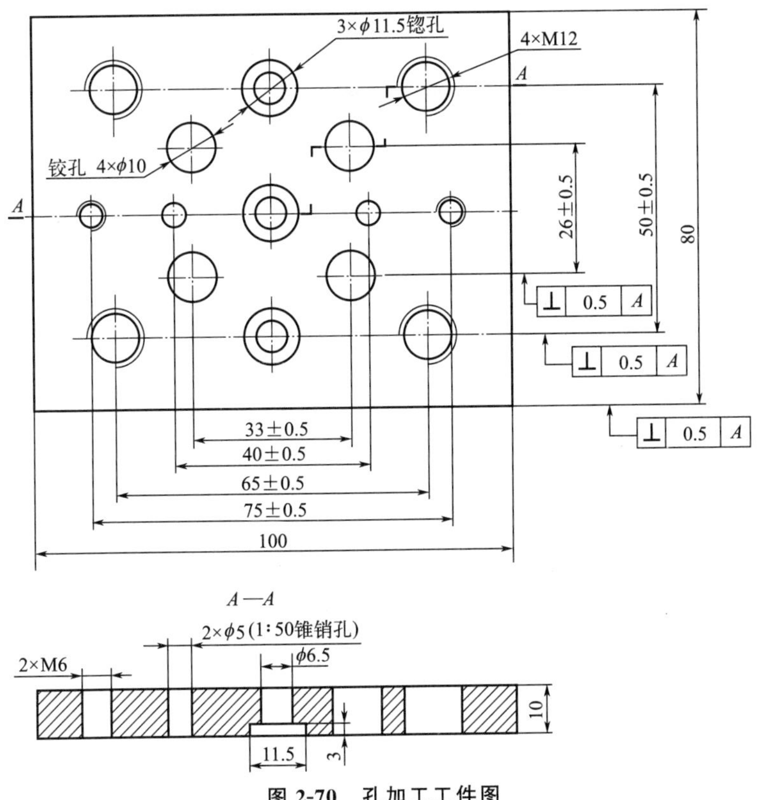

图 2-70 孔加工工件图

(2) 工具准备：划线平板、划规、样冲、划针、手锤、台钻、麻花钻、锪孔钻、铰刀、丝锥等。

(3) 量具准备：钢直尺、游标高度卡尺、直角尺等。

(4) 设备：台钻。

二、孔加工

步骤一：检查来料的外形尺寸。

步骤二：锉削相邻两垂直边作划线基准面。

步骤三：依图样划线，确定孔的位置。

步骤四：在线条交叉处钻孔中心位置打样冲眼。

步骤五：装夹工件，依次选好钻头并选好转速，分别钻出图样上要求的孔。保证孔位置正确并与钻头轴线垂直。

步骤六：所有孔口倒角。

步骤七：根据要求分别铰孔、攻螺纹、锪孔。

步骤八：清理工件，打标记。

步骤九：打扫卫生，提交工件。

实训6 螺纹加工

一、攻螺纹工具

攻螺纹要用丝锥、铰杠和保险夹头等工具。

1. 丝锥

丝锥是加工内螺纹的工具，有机用丝锥和手用丝锥，它们有左旋和右旋及粗牙和细牙之分。机用丝锥通常是指高速钢磨牙丝锥，螺纹公差带分为 H1、H2、H3 三种。手用丝锥是用滚动轴承钢 GCr9 或合金工具钢 9SiCr 制成的滚牙（或切牙）丝锥，螺纹公差带为 H4。

（1）丝锥结构

丝锥由工作部分和柄部组成，工作部分又包括切削部分和校准部分。

为了制造和刃磨方便，丝锥上的容屑槽一般做成直槽。有些专用丝锥为了控制排屑方向，常做成螺旋槽，如图 2-71 所示。

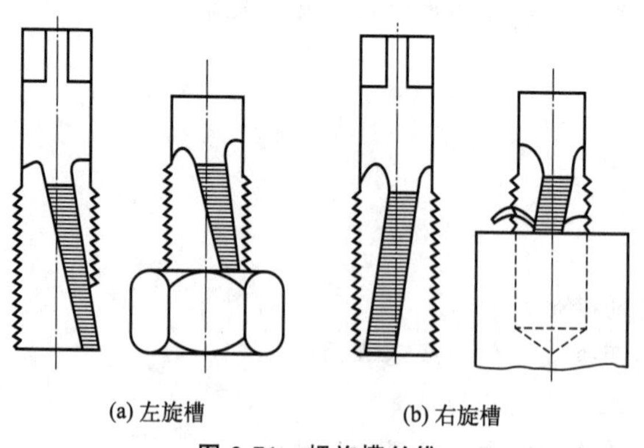

(a) 左旋槽　(b) 右旋槽

图 2-71 螺旋槽丝锥

加工通孔螺纹，为使切屑向下排出，容屑槽做成左旋槽；加工不通孔的螺纹，为使切屑向上排出，容屑槽做成右旋槽。

（2）成组丝锥

为了减小切削力和延长使用寿命，一般将整个切削工作量分配给几支丝锥来承担。通常

M6～M24 的丝锥每组有两支；M6 以下及 M24 以上的丝锥每组有三支；细牙螺纹丝锥为两支一组。成组丝锥中，对每支丝锥切削量的分配有以下两种方式：

① 锥形分配，如图 2-72 所示，一组丝锥中，每支丝锥的大径、中径、小径都相等，只是切削部分的切削锥角及长度不等。锥形分配切削量的丝锥也叫等径丝锥。一般 M12 以下的丝锥采用锥形分配。当攻制通孔螺纹时，用头攻（初锥）一次切削即可加工完毕，二攻（中锥）、三攻（底锥）则用得较少。由于头攻能一次攻削成形，因而切削厚度大，切屑变形严重，加工表面粗糙度值大，使用一段时间后，容易造成各支丝锥的磨损很不均匀。

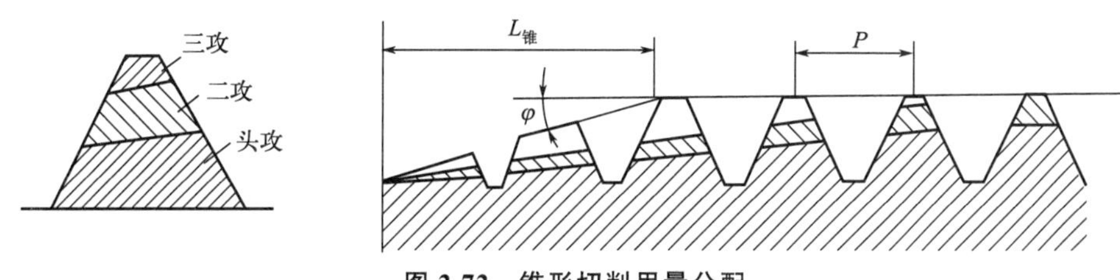

图 2-72 锥形切削用量分配

② 柱形分配，柱形分配切削量的丝锥也叫不等径丝锥，即头攻（第一粗锥）、二攻（第二粗锥）的大径、中径、小径都比三攻（精锥）小。头攻、二攻的中径一样，大径不一样（头攻大径小，二攻大径大），如图 2-73 所示。这种丝锥的切削量分配比较合理，三支一套的丝锥按 6∶3∶1 分担切削量，两支一套的丝锥按 7.5∶2.5 分担切削量，切削省力，各支丝锥磨损量差别小，使用寿命较长。同时三攻（精锥）的两侧也参加少量切削，所以加工表面粗糙度值较小。一般 M12 以上的丝锥多属于这一种。

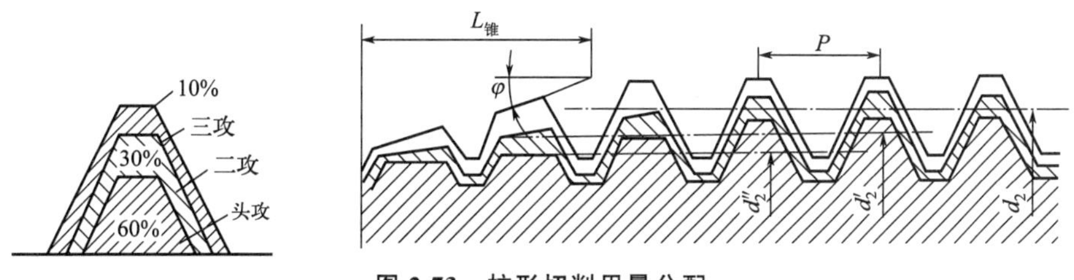

图 2-73 柱形切削用量分配

(3) 丝锥螺纹公差带

丝锥螺纹公差带有四种，见表 2-8。

表 2-8 丝锥螺纹公差带

丝锥螺纹公差带代号	近似对应 GB/T 968—2007 的丝锥螺纹公差带等级	适用于内螺纹的公差带等级
H1	2 级	4H、5H
H2	2a 级	5G、6H

续表

丝锥螺纹公差带代号	近似对应 GB/T 968—2007 的丝锥螺纹公差带等级	适用于内螺纹的公差带等级
H3	—	6G、7H、7G
H4	3 级	6H、7H

(4) 种类

丝锥的种类很多，钳工常用的有机用、手用普通螺纹丝锥，还有圆柱管螺纹丝锥和圆锥管螺纹丝锥等。

(5) 丝锥的标志

每一种丝锥都有相应的标志，弄清其所代表的内容，对正确使用和选择丝锥是很重要的。丝锥上应有下列标志：

① 制造厂商标。

② 螺纹代号。

③ 丝锥公差带代号（H4 允许不标）。

④ 材料代号（用高速钢制造的丝锥标志为 HSS，用碳素工具钢或合金工具钢制造的丝锥可不标）。

⑤ 成组（不等径）丝锥的粗锥代号（第一粗锥一条圆环，第二粗锥二条圆环，或标有顺序号Ⅰ、Ⅱ）。

2. 铰杠

铰杠是手工攻螺纹时用来夹持丝锥的工具，分为普通铰杠（图 2-74）和丁字铰杠（图 2-75）两类，这两类铰杠又可分为固定式和活络式两种。

图 2-74　普通铰杠　　**图 2-75　丁字铰杠**

3. 保险夹头

为了提高攻螺纹的生产率，减轻工人的劳动强度，可以在钻床上攻螺纹。在钻床上攻螺纹时，要用保险夹头来夹持丝锥，避免丝锥负荷过大，或攻不通孔到达孔底时造成丝锥折断或损坏工件等。

二、攻螺纹前底孔直径和深度的确定

1. 底孔直径的确定

攻螺纹前的螺纹底孔直径应稍大于螺纹孔小径，否则攻螺纹时因挤压作用，会使螺纹牙顶与丝锥牙底之间没有足够的容屑空间，将丝锥箍住，甚至折断丝锥。但是螺纹底孔直径不宜过大，否则会使螺纹牙型高度不够，降低强度。

在加工钢和塑性较大的材料及扩张量中等的条件下：

$$D_{钻}=D-P$$

式中　$D_{钻}$——攻螺纹时钻螺纹底孔所用钻头直径，mm；

D——螺纹大径，mm；

P——螺距，mm。

在加工铸铁和塑性较小的材料及扩张量较小的条件下：

$$D_{钻}=D-(1.05\sim1.1)P$$

2. 底孔深度的确定

$$H_{钻}=h_{有效}+0.7D$$

式中　$H_{钻}$——底孔深度，mm；

$h_{有效}$——螺纹有效深度，mm；

D——螺纹大径，mm。

三、丝锥的刃磨

当丝锥的切削部分磨损时，可刃磨其后刀面，如图 2-76 所示。

四、攻螺纹的方法

（1）按图样尺寸要求划线。

（2）根据螺纹公称直径，按有关公式计算出底孔直径后钻孔，并在螺纹底孔的孔口倒角。

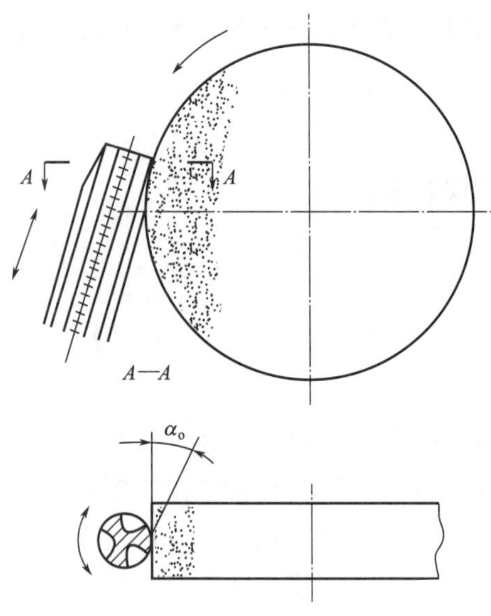

图 2-76 刃磨丝锥后刀面

（3）用头锥起攻。起攻时用各手掌按住铰杠中部，沿丝锥中心线用力加压，此时左手配合做顺向旋进；或两手握住铰杠两端平衡施加压力，并将丝锥顺向旋进，保持丝锥中心线与孔中心线重合，不能歪斜，如图 2-77(a) 所示。

(a) 手掌按住铰杠中部

(b) 攻螺纹时检查螺纹垂直度

图 2-77 起攻方法

在丝锥攻入 1～2 周螺纹后，应在前、后、左、右方向上用角尺检查螺纹垂直度，避免产生歪斜，如图 2-77（b）所示。当丝锥切入 3～4 周螺纹时，丝锥的位置应正确无误，不再有明显偏斜；此时只需转动铰杠，而不应再对丝锥施加压力，否则螺纹牙型将被损坏，如图 2-78 所示。

（4）攻螺纹时（如图 2-79），每扳转铰杠 1/2～1 周，就应倒转 1/4～1/2 周，使切屑碎断后容易排除。

（5）攻螺纹时，必须按头攻、二攻、三攻的顺序攻削到标准尺寸。如果是在较硬的材料上攻螺纹，可轮换丝锥交替攻下，这样可减小切削负荷，避免丝锥折断。

（6）在不通孔上攻制有深度要求的螺纹时，可根据所需螺纹深度在丝锥上做好标记。

（7）在塑性材料上攻螺纹时，一般都应加润滑油，以减小切削阻力和螺孔的表面粗糙度值，延长丝锥的使用寿命。

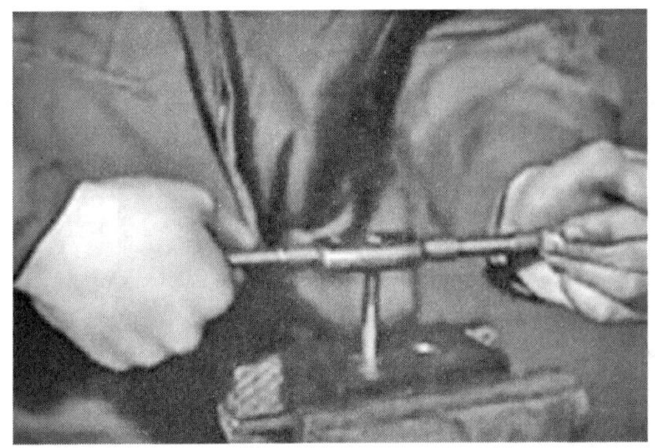

图 2-78 切入 3～4 周后

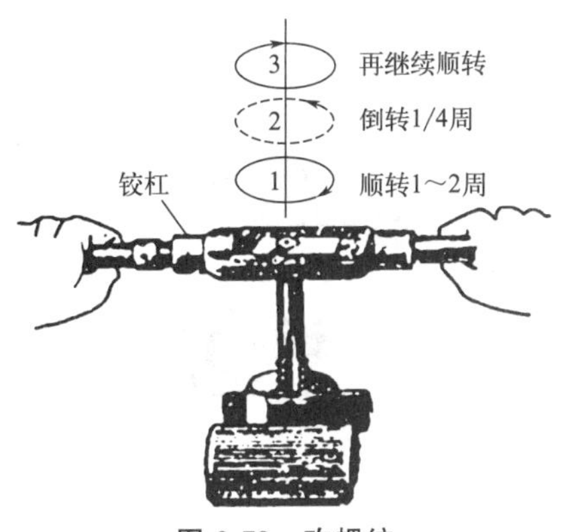

图 2-79 攻螺纹

五、套螺纹工具

套螺纹是指用板牙在圆杆上切出外螺纹的加工方法。

1. 板牙

板牙是加工外螺纹的工具，如图 2-80 所示，它用合金工具钢 9SiCr 或高速钢制作并经淬火、回火处理。板牙由切削部分、校准部分和排屑孔组成。板牙两端有切削锥角的部分是切削部分。板牙的校准部分因磨损会使螺纹尺寸变大而超出公差范围。

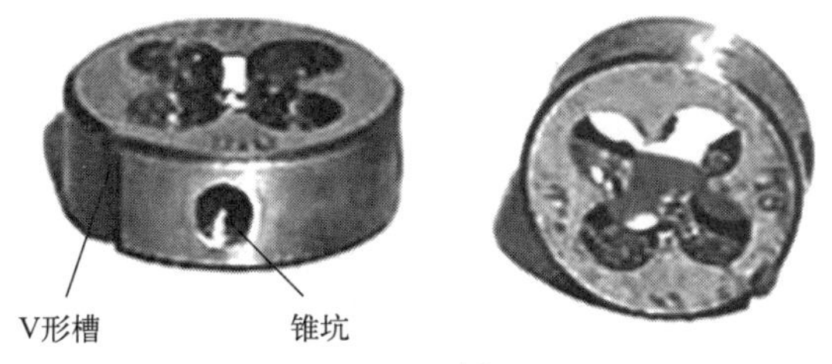

图 2-80 板牙

2. 板牙架

板牙架是装夹板牙的工具。板牙放入板牙架后用螺钉紧固，如图 2-81 所示。

六、套螺纹前圆杆直径的确定

套螺纹前圆杆直径应稍小于螺纹的大径（公称直径）。

图 2-81 板牙与板牙架

圆杆直径的计算公式为

$$d_o \approx d - 0.13P$$

式中 d_o——圆杆直径，mm；

d——螺纹大径，mm；

P——螺距，mm。

七、套螺纹的操作方法

为了使板牙容易对准工件和切入工件，圆杆端部要倒角，形成圆锥斜角为 15°～20°的锥，如图 2-82 所示。

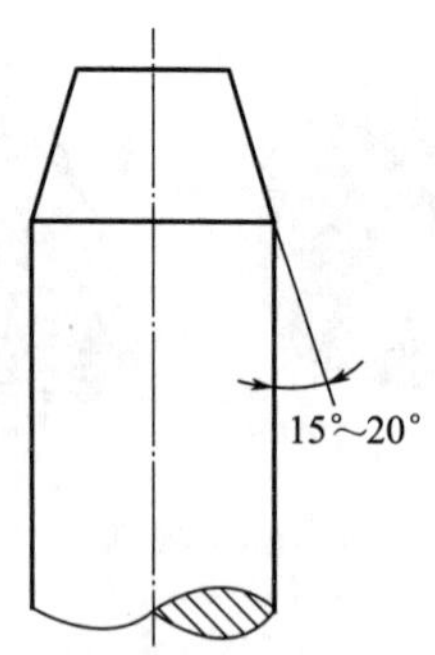

图 2-82 套螺纹前的圆杆端部的倒角

套螺纹时，切削力矩很大。工件为圆杆形状，圆杆不易夹持牢固，可用硬木 V 形块或铜板作为衬垫，以牢固地将工件夹紧，在加衬垫时圆杆套螺纹部分距钳口要尽量近些。见图 2-83。

起套时，右手手掌按住铰杠中部，沿圆杆的轴向施加压力，左手配合做顺向旋进，此时转动宜慢，压力要大，应保持板牙的端面与圆杆轴线垂直，否则切出的螺纹牙齿一面深一面浅。当板牙切入圆杆 2～3 牙时，应检查其垂直度，否则继续扳动铰杠时将造成螺纹偏切烂牙。

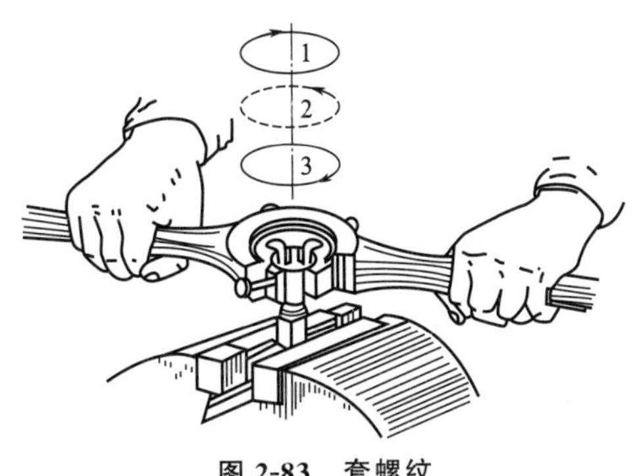

图 2-83　套螺纹

起套后，不应再向板牙施加压力，以免损坏螺纹和板牙，应让板牙自然引进。为了断屑，板牙也要时常倒转。

在钢件上套螺纹时要加冷却润滑液。

实训 7 刮削

用刮刀刮除工件表面薄层的加工方法称为刮削。刮削加工属于精加工，包括平面刮削和曲面刮削两种方法。刮削时，将工件与标准平板或标准件、精加工过的配件配研，用显点法将工件表面的高点刮去，经多次循环配研，把高点、次高点刮去，使表面的接触点增加，获得工件间的精密配合。

通过刮削加工的工件表面，由于多次反复地受到刮刀的推挤和压光作用，工件表面组织变得比原来紧密，并得到较小的表面粗糙度值。

一、平面刮削

平面刮削适用于各种互相配合的平面和滑动平面。

1. 平面刮刀

刮刀头一般由 T12A 碳素工具钢或耐磨性较好的 GCr15 滚动轴承钢锻造，并经磨制和热处理淬硬而成。图 2-84 所示为平面刮刀，用于平面刮削。

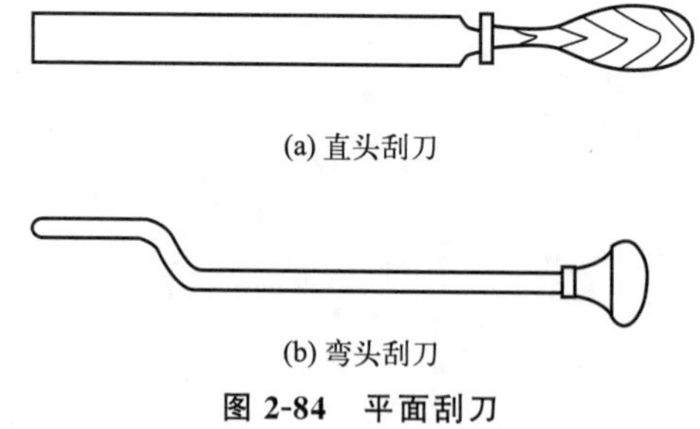

(a) 直头刮刀

(b) 弯头刮刀

图 2-84 平面刮刀

2. 校准工具

校准工具是用来推磨研点和检验刮削面精度的工具，也称研具。

(1) 标准平板

用来检查较宽的平面，选用时，它的面积一般应大于刮削面的 3/4。结构如图 2-85 所示。

图 2-85 标准平板

(2) 校准直尺

用来校验狭长的平面。常见的有桥式直尺和工字形直尺，桥式的用来校验机床导轨，工字形的常用来校验狭长平面相对位置的准确性。

(3) 角度直尺

用来校验两个刮面成角度的组合平面。

3. 显示剂

显示剂是用来显示被刮削表面误差的位置和大小的。它放在校准工具表面与刮削表面之间，当校准工具与刮削表面合在一起对研后，凸起部分就被显示出来。

(1) 显示剂的种类

① 红丹粉。红丹粉分为铁丹（红褐色）和铅丹（橘黄色），一般用机油加以调和。它具有颗粒较细、点子显示清晰、无反光、价格低廉的特点，多用于钢和铸铁件。

② 蓝油。用蓝粉和蓖麻油及适量机油调和而成，呈深蓝色，显示的研点小而清楚，多用于精密工件和有色金属工件。

(2) 显示剂的用法

① 将显示剂涂在校准工具上，刮削面上的高点处着成黑红色，底处不着色（呈灰白色），有闪点，较炫目，使用这种方法切屑不易粘在刃口上，且节约显示剂，多用于粗刮。

② 将显示剂涂于工件表面，工件显示为红底，暗亮点，没有闪光，易于辨认，但切屑易粘在刃口上。

无论哪种方法，涂布显示剂必须均匀并随刮削精度的提高而逐渐减薄，并要保持清洁，防止切屑和其他杂物或砂粒等渗入。

4. 平面刮削姿势

平面刮削的姿势分手刮法和挺刮法两种。

(1) 手刮法

手刮法的姿势为：右手握刀柄，左手四指向下握住距刮刀的头部 50～70mm 处。左手靠小拇指的掌部贴在刀背上，并使刮刀与刮削面呈 25°～30°角度。同时，左脚向前跨一步，且上身前倾，以使身体重心靠向左腿。在身体的重心往前推的同时，右手跟进刮刀，左手下压，且落刀要轻，并引导刮刀的前进方向。随着研点被刮削，左手以刮刀的反弹作用力迅速地提起刀头。刀头的提起高度为 5～10mm，如此完成一个刮削动作，如图 2-86 所示。

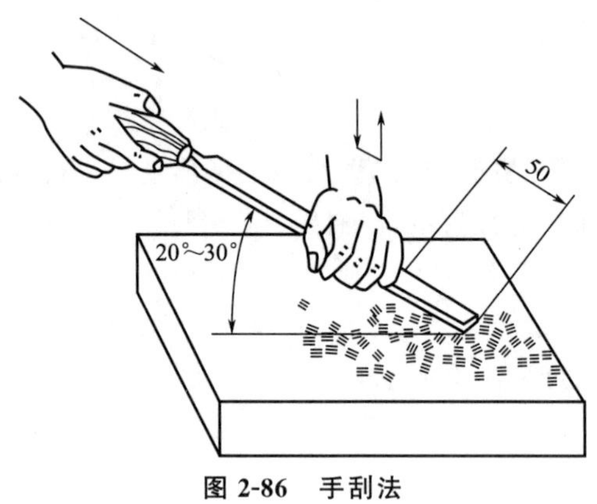

图 2-86　手刮法

（2）挺刮法

挺刮法的姿势为：将刮刀柄顶在小腹右下部的肌肉处。左手在前，且手掌向下，右手在后，且手掌向上。左手在距离刮刀头部 80mm 左右处握住刀身。在刮削时，刀头对准研点，左手下压，右手控制刀头方向；利用腿部和臂部的合力，往前推动刮刀；研点被刮削的瞬间，双手利用刮刀的反弹作用力迅速地提起刀头，刀头的提起高度约为 10mm，如图 2-87 所示。

图 2-87　挺刮法

5. 刮削方法

（1）粗刮

工件经机械加工后，首先进行粗刮。用长刮刀连续推铲，刀迹连成长片且不可重复；用平尺进行透光检查，在高处做记号；刮削方向改变成交叉状，重复前面的操作，再用平尺进行透光检查，反复粗刮后用标准平板推研，再对研点（高点）刮削，直至检验方框内（25mm×25mm）有3～5个研点后，粗刮就算达到要求了。

（2）细刮

粗刮后的研点较大，表明工件表面高低相差仍然很大，细刮就是将高点刮去，使更多的研点显示出来。用窄刮刀或细刮刀，采用短刮法，将粗刮后留下的大块研点进行分割，使研点分布均匀。连续两次的刮削方向应呈45°～60°的角度，以消除原刀痕。当检验方框内有10～15个研点后，细刮就完成了。

（3）精刮

精刮用精刮刀，并采用点刮法，以增加研点数，并进一步提高刮削面的精度。在刮削时，找点要准，落刀要轻，起刀要快。在每个研点上只刮一刀，且不能重复；刮削要按交叉原则进行。最大、最亮的研点应全部刮去，而中等研点只刮去顶点的一小片，小研点留着不刮。当研点增加到每25mm×25mm内有18个以上研点时，就要在最后的几遍刮削中，让刀迹的大小一致，并且排列整齐、美观，以结束精刮。

（4）刮花

在已经刮削好的平面上，再经过有规律的刮削，形成各种花纹。既能增加美观，又能在滑动表面起贮油的作用，同时还可以借助于刮花的消失判断平面磨损的程度。

6. 显点的方法

显点应根据工件的不同形状和被刮削的面积进行区别。

（1）中小型工件的显点

一般是校准平板固定不动，工件被刮面在平板上推研。

（2）大型工件的显点

大型工件的显点是将工件固定，平板在工件的被刮面上推研，用水平仪和显点相结合来判断被刮面的误差。

（3）质量不对称工件的显点

推研时应在工件的某个部位托或压，但是用力的大小要适当、均匀。

（4）薄板工件的显点

薄板因其厚度薄，刚性差，易变形，所以只能靠自重在平板上推研，即使用手按住推研，也要使压力均匀分布在整个薄板上，以反映出正确的显点。

在刮削、推研时，要特别重视清洁工作。切不可让杂质留在研合面上，以免造成刮研面或标准平板的严重划伤。

7. 刮削精度的检查方法

① 以接触点的数目检验接触精度。用边长为 25mm 的正方形框罩在被检查面上，并根据在方框内的接触研点数目的多少确定其接触精度，如图 2-88 所示。

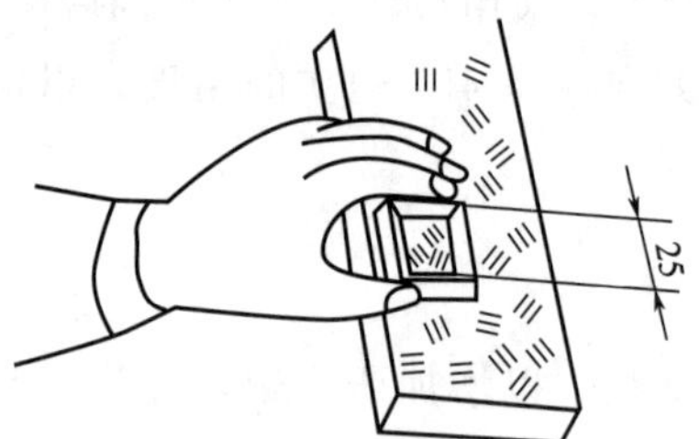

图 2-88 用方框检查接触研点的数目

② 用百分表检查平行度。
③ 用标准圆柱检查垂直度。

8. 刮削加工的特点

① 刮削加工过的表面反复受到刮刀负前角的推挤，起到了压光作用，因此表面很光，同时表面组织变得比原来紧密。
② 刮削后的工件表面，形成比较均匀的微浅凹坑，创造了良好的存油条件。
③ 刮削切削量小，产生热量少，装夹没有变形，能获得很高的精度。

9. 刮削加工安全文明生产注意事项

① 在研刮时，工件不可超出标准平板太多，以免工件掉下而被损坏。
② 刮刀在砂轮上刃磨时，施加压力不能太大，且应缓慢地接近砂轮，以避免刮刀颤抖过大或造成事故。
③ 刮刀柄要安装可靠，并防止木柄破裂，或使刮刀柄端穿过木柄伤人。
④ 在刮削工件边缘时，不可用力过猛，以免失控，发生事故。
⑤ 在刮刀使用完毕后，刀头部位应用纱布包裹，并妥善放置。
⑥ 标准平板使用完毕后，必须擦洗干净，并涂抹机油，妥善放置。

二、曲面刮削

1. 曲面刮刀

曲面刮刀主要用来刮削内曲面，如滑动轴承的内孔等。曲面刮刀的种类较多，常用的有三角刮刀和蛇头刮刀两种，如图 2-89 所示。

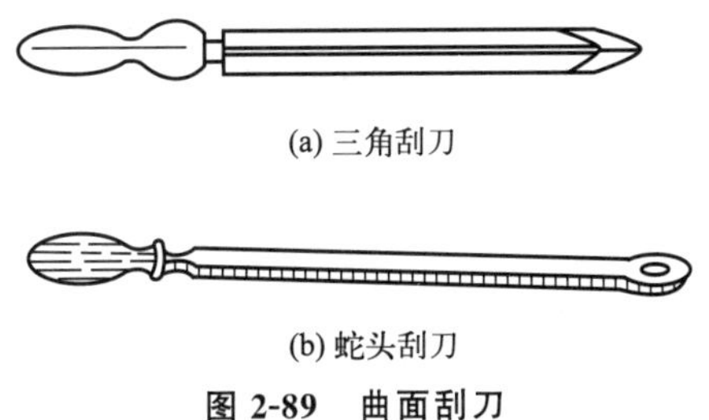

(a) 三角刮刀

(b) 蛇头刮刀

图 2-89 曲面刮刀

2. 曲面刮削方法

曲面刮削一般是指内曲面刮削，其刮削的原理和平面刮削一样，只是刮削方法及所用的刀具不同。曲面刮削时，应该根据其不同形状和不同的刮削要求，选择合适的刮刀和显点方法。一般是以标准轴（也称工艺轴）或与其相配合的轴作为内曲面研点的校准工具。研合时将显示剂涂在轴的圆周上，使轴在曲面中旋转，显示研点，然后根据研点进行刮削，如图 2-90 所示。

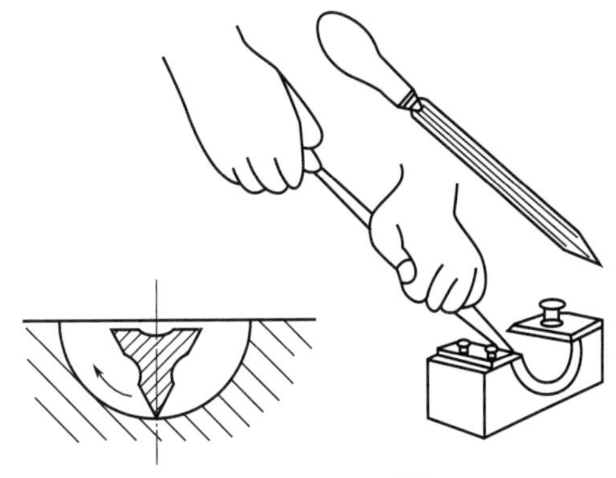

图 2-90 曲面刮削

曲面的刮削姿势有两种。第一种是刮削时右手握刀柄，左手掌心向下，四指横握刀身，大拇指抵住刀身，左、右手同时作圆弧运动，并顺曲面刮刀作后拉或前推的螺旋运动，刀迹与曲面轴线呈 45°夹角，且交叉进行。第二种是刮刀柄搁在右手臂上，双手握住刀身，刮削动作和刮刀轨迹与第一种姿势相同。

3. 曲面刮削的要点

（1）研点

在研点时，将显示剂涂布在校准轴或相配合的零件轴的圆周面上，并使轴在内曲面上来回旋转，以显示出研点。显示剂一般选用蓝油，在精刮时可用蓝色或黑色油墨代替，以使研点色泽分明。

(2) 曲面刮削的角度

在粗刮时，前角大些；在精刮时，前角小些。蛇头刮刀的刮削是利用负前角进行切削。

(3) 内曲面刮削的精度检查

精度检查以25mm×25mm面积内的接触研点数而定。一般来说，接触研点越细密、越多，则刮研难度越大。内曲面刮削的应用场合以滑动轴承最多。在生产中，应根据轴承的工作条件来确定接触研点。

4. 安全文明生产及注意事项

① 在曲面研点时，应沿曲面来回运动；在精刮时，转动弧长应小于25mm，且不能沿轴线方向做直线研点。

② 在粗刮时，用力不可太大，以防止发生抖动，或产生振痕；同时控制加工余量，以保证达到粗刮和精刮的尺寸要求，并注意刮点的准确性。

③ 在使用三角刮刀时要注意安全，以防止伤人。

实训 8 研磨

通过研磨工具和磨料对工件进行微量切削，使工件具有准确的尺寸和形状及很高的表面质量的方法，称为研磨。

一、研磨工具和研磨料

1. 研磨工具

平面研磨通常采用标准平板。在粗研磨时，用有槽平板，以避免过多的研磨剂浮在平板上，如图 2-91(a) 所示；在精研时，用精密光滑平板，如图 2-91(b) 所示。研具材料要比工件软，以使磨料能嵌入研具而不嵌入工件内。常用的研具材料有灰口铸铁、球墨铸铁（润滑性能好，耐磨，研磨效率较高，应用较广）、低碳钢（研磨螺纹和小直径工件）、铜（研磨余量大的工件）等。不同研具材料及用途见表 2-9。

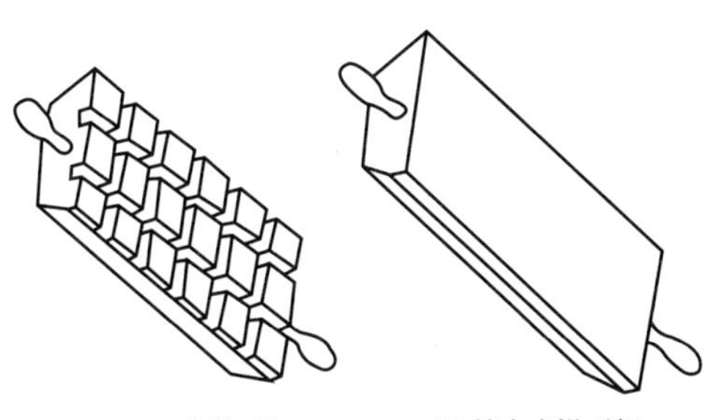

(a) 有槽平板　　(b) 精密光滑平板

图 2-91 研磨平板

表 2-9 不同研具材料及用途

研具材料	用途
灰口铸铁	润滑性好，尤其适合精研
球墨铸铁	润滑性好，耐磨，应用较广
低碳钢	不易折断变形，常用于粗研螺纹和小直径工件
铜	粗研
铅	研磨软金属
巴氏合金	研磨铜合金轴瓦

2. 研磨料和研磨膏

研磨料的作用是研削工件表面，其种类很多，可根据工件材料和加工精度来选择。在钢件或铸铁件粗研时，可选用刚玉；在精研时，可用氧化铬。磨料粗细的选用：在粗研磨且表面粗糙度值 $Ra>0.2\mu m$ 时，可用磨粉，粒度在 100# ～280# 范围内选取；在精研磨且表面粗糙度值 $Ra=0.1\sim0.2\mu m$ 时，可用微粉，粒度可用 W40～W20；在 $Ra=0.05\sim0.1\mu m$ 时，微粉粒度可用 W14～W7。

研磨液在研磨过程中，起调和磨料、润滑、冷却、促进工件表面的氧化、加速研磨的作用。在粗研钢件时，研磨液可用煤油、汽油或机油；在精研时，可用机油与煤油混合的混合液。不同研磨液的作用见表 2-10。

表 2-10 不同研磨液的作用

名称	作用
机油	较常使用,润滑性能好,粘吸性好
煤油	润滑性能好,能粘吸研磨剂,主要用于要求研磨速度快,对工件表面粗糙度要求不高的粗研磨
汽油	稀释性好,能使研磨剂均匀地粘吸在研具上
猪油	最适合精密研磨,能降低表面粗糙度值
水	用于玻璃、水晶的研磨
硬脂酸、蜡、油酸、脂肪酸	能形成一层极薄的、较硬的润滑油膜

在研磨料和研磨液中加入适量的石蜡、蜂蜡等填料和黏性较大、氧化作用较强的油酸、脂肪酸等，即可配制成研磨膏。在使用时，将研磨膏加机油稀释，即可进行研磨。研磨膏分粗、中、精三种，并可按研磨精度的高低选用。

二、研磨要点

1. 研磨运动轨迹

为使工件能达到理想的研磨效果，根据工件形体的不同，可采用不同的研磨运动轨迹。

(1) 直线往复式

直线往复式是最常见的形式，能获得较高的几何精度。如图 2-92(a) 所示。

（2）直线摆动式

直线摆动式用于研磨某些圆弧面，例如样板角尺、双斜面直尺的圆弧测量面。如图 2-92(b) 所示。

（3）螺旋式

螺旋式用于研磨圆片或圆柱形工件的断面，可以获得较好的表面粗糙度和平面度。如图 2-92(c) 所示。

（4）8 字形或仿 8 字形

8 字形或仿 8 字形主要用于研磨小平面工件，例如量规的测量面。如图 2-92(d) 所示。

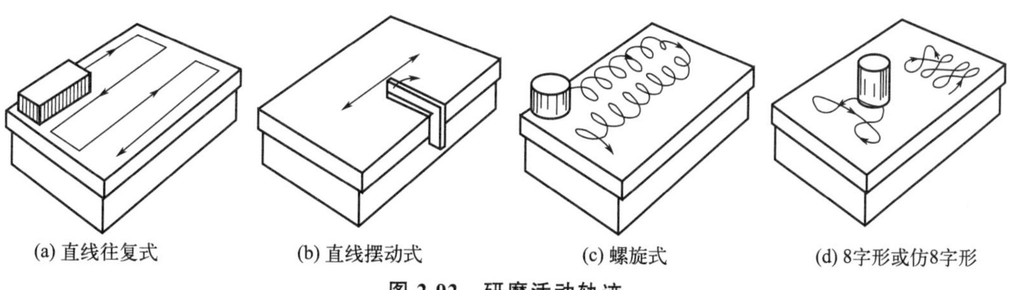

图 2-92 研磨活动轨迹

2. 研磨方法

（1）平面研磨方法：采用直线往复式、直线摆动式、螺旋式、8 字形或仿 8 字形式等轨迹，如图 2-93 所示。

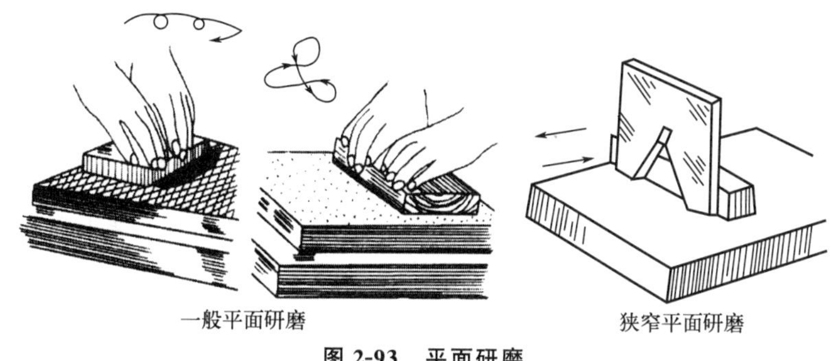

图 2-93 平面研磨

（2）回转体工件研磨方法：回转体工件常采用配研的方法，对于圆柱体工件的回转表面，通常采用手持研具同时做轴向移动和转动。

（3）外圆研磨操作：工件安装在车床或专用研磨机床上，两顶尖间做低速旋转（20～30m/min），研具在一定压力下沿工件轴向做往复直线运动，直至研磨合格为止，如图 2-94 所示。

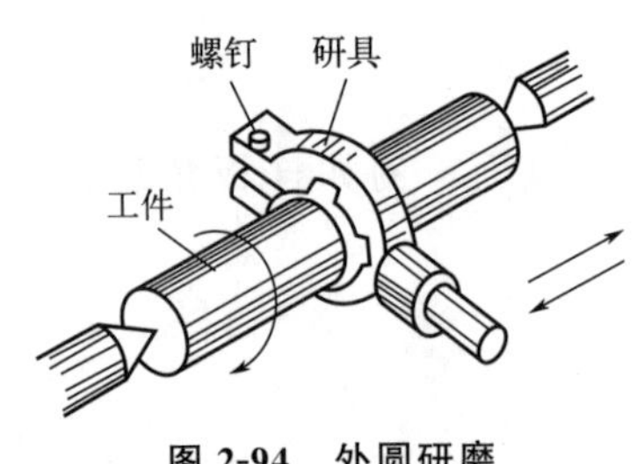

图 2-94 外圆研磨

研磨分为干研和湿研。干研是在研具表面上均匀嵌入一层研磨剂，在干燥的情况下研磨，研磨过程中不添加研磨剂。干研适合平面研磨，工件表面光泽美丽，加工精度高。湿研是在研磨过程中不断添加充足的研磨剂。湿研加工效率高，工件表面呈乌光麻面。一般先湿研，后干研。

3. 研磨时的上料方法

（1）压嵌法

压嵌法有两种。其一是用三块平板并在上面加上研磨剂，用原始研磨法轮换嵌砂，以使砂粒均匀地嵌入平板内，为进行研磨工作做准备。其二是用淬硬压棒将研磨剂均匀地压入平板，以进行研磨工作。

（2）涂敷法

涂敷法指在研磨前，将研磨剂涂敷在工件或研具上，其加工精度不及压嵌法高。

4. 研磨速度和压力

在研磨时，压力和速度对研磨效率和研磨质量有很大影响。若压力太大，则研磨的切削量大，表面粗糙度差，容易把磨料压碎并将表面划出深痕。在一般情况的粗磨时，压力可大些；在精磨时，压力应小些，速度也不应过快，否则会引起工件的发热变形，尤其是研磨薄形工件时，更应注意避免工件的发热变形。在一般情况下，粗研磨的速度为 40～60 次/min；精研磨的速度为 20～40 次/min。

5. 研磨的特点

（1）研磨属于精加工工序，是加工精密零件，尤其是修理精密量具工作面的主要方法之一。尺寸公差等级可达 IT3，表面粗糙度 Ra 值可达 0.1～0.008μm。

（2）适用于单件小批量生产中加工外圆面、孔、平面等。

在一定压力作用下研具与工件做复杂的相对运动，通过研磨剂的微量切削及化学作用，去除工件表面的微小余量。研磨余量一般不超过0.01～0.03mm，研磨前的工件应进行精车或精磨。

6. 研磨注意事项

（1）粗、精研磨工作要分开进行。研磨剂每次上料不宜太多，并要分布均匀，以免造成工件边缘被研坏。

（2）在研磨时，应特别注意清洁工作，不要在研磨剂中混入杂质，以免在反复研磨时划伤工件表面。

（3）在研磨窄平面时，要采用导靠块，且应使工件紧靠，以保持研磨平面与侧面垂直，避免产生倾斜和圆角。

（4）在研磨工具与被研工件中需要相对固定其中一个，否则会造成移动或晃动，甚至出现研磨工具与工件损坏及伤人事故。

实训 9 矫正、弯曲与铆接

一、矫正

消除材料或制件的弯曲、翘曲、凹凸不平等缺陷的加工方法，称为矫正。

1. 手工矫正的工具

（1）支承工具

支承工具是矫正工件的基座，一般要求表面平整。常用支承工具有平板、铁砧、台虎钳等。

（2）施力工具

① 手锤。包括软手锤和硬手锤。矫正一般材料通常使用钳工手锤和方头手锤；矫正已加工表面、薄板或有色金属制件，应使用铜锤、木锤、橡皮锤等软手锤。图 2-95(a) 所示为木锤。

② 抽条和拍板。抽条是采用条形薄板料弯曲而成的简单工具，用于矫正较大面积的板料，如图 2-95(b) 所示。拍板是用质地较硬的木料制成的专用工具，用于矫正板料，如图 2-95(c) 所示。

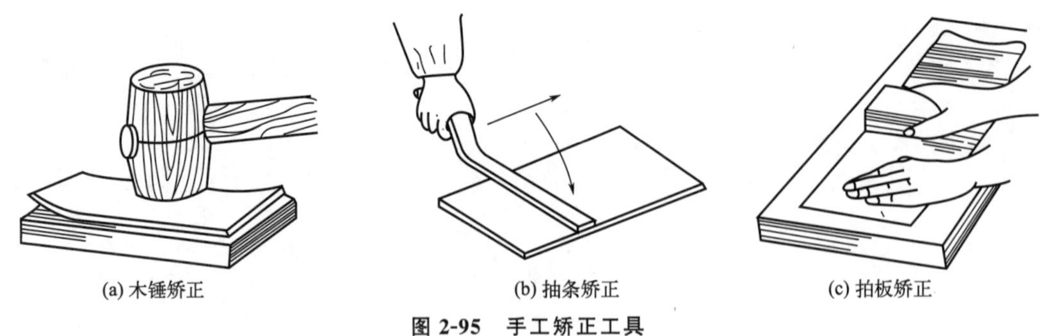
(a) 木锤矫正 (b) 抽条矫正 (c) 拍板矫正

图 2-95 手工矫正工具

2. 检验工具

常用的检验工具包括平板、90°角尺和百分表等。

3. 手工矫正方法

（1）扭转法

如图 2-96 所示，扭转法可用来矫正条料的扭曲变形。一般将条料夹持在台虎钳上，并用扳手对条料进行矫正，使其恢复原来的形状。

（2）伸张法

如图 2-97 所示，伸张法可用来矫正各种细长线材。将线材的一头固定，然后从固定处开始，将弯曲线材绕圆木一周，并紧捏圆木向后拉，以使线材在拉力的作用下绕过圆木并得到伸长矫直。

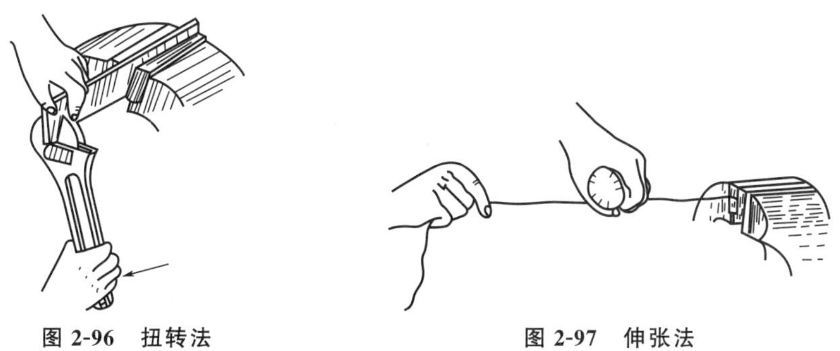

图 2-96　扭转法　　　　图 2-97　伸张法

（3）弯曲法

如图 2-98 所示，弯曲法可用来矫正各种弯曲的棒料、条料。一般可用台虎钳在靠近弯曲处夹持，并用活动扳手把弯曲部分掰直，如图 2-98(a) 所示；或用台虎钳将弯曲部位夹持在钳口内，并利用台虎钳把它初步压直，如图 2-98(b) 所示，再放到平板上用手锤矫直，如图 2-98(c) 所示。直径大的棒料和厚度较大的条料常采用压力机矫直。

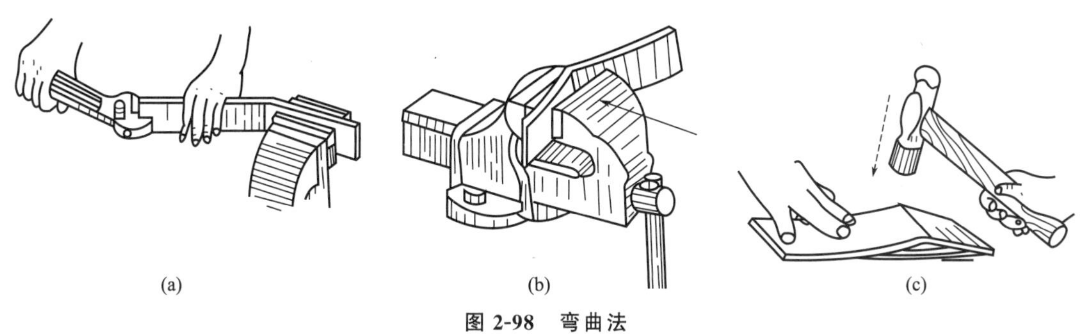

(a)　(b)　(c)

图 2-98　弯曲法

（4）延展法

延展法是用手锤敲击材料，使其延展伸长以达到矫正的目的，通常又叫锤击矫正法，如

图 2-99 所示。在宽度方向上弯曲的条料，如果利用弯曲法矫直，可能发生断裂，此时可选择延展法来矫直。

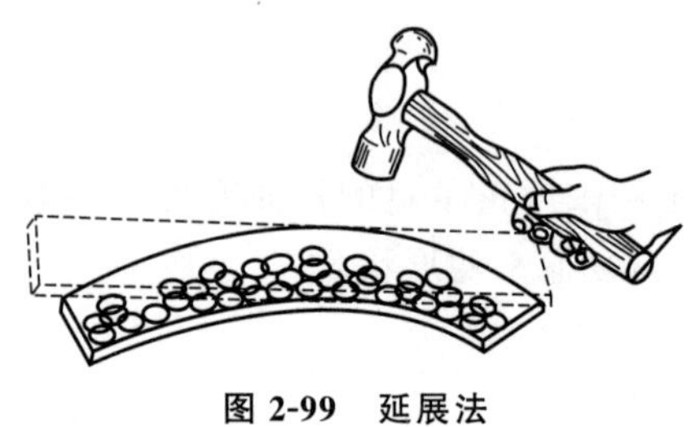

图 2-99 延展法

4. 板料的手工矫正

(1) 薄板的手工矫正

薄板变形的主要原因是板材在轧制过程中受力不均，致使内部组织松紧不一而产生变形。可通过锤击板材的弯曲区，使其延伸而获得矫正。为提高矫正效果，往往综合使用多种矫正手段。如矫正中间凸起时，可将薄板凸起处朝上，放在平台上，在凸起处上面垫上厚板，用卡子压紧再锤击四周，使其得到矫正。当薄板凸起或四周的波浪变形比较严重时，可先用火焰矫正，待凸起或波浪形基本消失后，再用平锤找平。

薄板的变形主要有中间凸起、边缘为波纹状、对角翘起等几种形式，如图 2-100 所示。

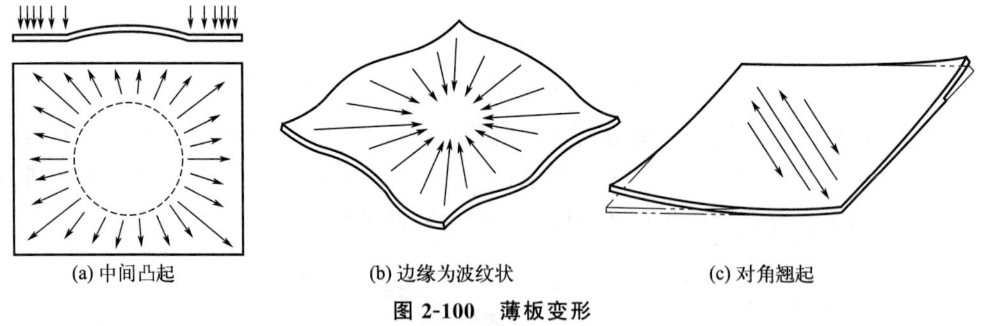

(a) 中间凸起　(b) 边缘为波纹状　(c) 对角翘起

图 2-100 薄板变形

矫正薄板中间凸起时，锤击板的四周，由凸起的周围开始逐渐向四周锤击，如图 2-100(a) 所示。越往边缘锤击的密集程度应越大，锤击力也越重，使薄板的四周伸长，则中间凸起的部分就会消除。值得注意的是，如果直接锤击凸处，则由于薄板的刚性差，锤击时凸起处被压下，并使凸起部分进一步伸长，其结果将适得其反。

若薄板表面相邻处有几个凸起处，则应先在凸起的交界处轻轻锤击，使若干个凸起处合并成一个，然后再锤击四周而展平。

矫正边缘呈波纹形状时，应从四周向中间逐渐锤击，如图 2-100(b) 所示，锤击点的密度往中间应逐渐增加，锤击力也越重，使中间部分伸长而矫平。

如果薄板发生扭曲等不规则变形，例如在平台上检查时，发现薄板对角翘起，如

图 2-100(c) 所示，矫正时应沿另一段有翘起的对角线进行锤击，使其延伸而矫平。薄板的变形还可以用拍板进行拍打来矫平，拍板用厚 3～5mm、宽不小于 40mm、长不小于 400mm 的钢板制成，其具体尺寸可随矫正板料的厚度和大小而定。

对铝板等有色金属薄板的矫正，还可以用橡皮带拍打周边，使材料收缩，然后用铝锤或橡皮锤打击中间而矫平。为防止产生锤痕，可在锤击处垫一平板，然后锤击平板，予以矫平。

薄板变形的矫正是一项难度较大的操作，在矫正时，应首先分析薄板变形的程度，然后锤击紧贴平台的那些平的部位，使其延伸，并不断翻转检查，直到矫平为止。

检查薄板是否调平的方法是任意抬起钢板的某一边，放下时钢板发生弹跳，说明还没有调平；如果钢板放下时发出“噗哧”的声响，钢板紧贴平台，不发生弹跳现象时，即表示钢板已达到调平状态。

(2) 厚板的手工矫正

厚板的手工矫正通常采用以下两种方法：

① 直接锤击凸起处。直接锤击凸起处的锤击力量要大于材料的屈服极限，这样才能使凸起处受到强制压缩而被矫平。

② 锤击凸起区域的凹面。锤击凹面可用较小的力量，使材料仅在凹面扩展，迫使凸面受到相对压缩。由于厚板的厚度大，其凸起处的断面两侧边缘可以看做是同心圆的两个弧，凹面的弧长小于凸面的弧长。因此，矫正时应锤击凹面，使其表面扩展，再加上钢板厚度大，打击力量小，结果凹面的表面扩展并不能导致凸面随之扩展，从而使厚钢板得到矫平。

对于厚钢板的扭曲变形，可沿其扭曲方向和位置，采用反变形的方法进行矫正。对矫正后的厚板料，可用直尺检查是否平直，若用尺的棱边以不同的方向贴在板上观察其隙缝大小一致时，说明板料已平直。手工矫正厚钢板时，往往与加热矫正等方法结合进行。

二、弯曲

弯曲是使材料产生塑性变形，因此只有塑性好的材料才能进行弯曲。钢板弯曲后外层材料伸长，内层材料缩短，中间有一层材料弯曲后长度不变，称为中性层。弯曲工件越靠近材料表面，工件变形越严重，也就越容易出现拉裂或压裂现象。

对于相同材料的工件，工件外层材料变形的大小决定于工件的弯曲半径。弯曲半径越小，外层材料变形越大。为了防止弯曲件拉裂或压裂，必须限制工件的最小弯曲半径，以使它大于导致材料开裂的临界弯曲半径。

1. 弯曲前落料长度的计算

在对工件进行弯曲前，要做好坯料长度的计算。落料长度太长会导致材料的浪费，落料长度太短则不够弯曲尺寸。在工件弯曲后，只有中性层的长度不变，因此计算弯曲工件的毛坯长度时，可以按中性层的长度计算。应该注意：在材料弯曲变形后，中性层一般不在材料的正中央，而是偏向内层材料一边。实验证明，中性层的实际位置与材料的内弯曲半径 r 和材料厚度 t 有关，如图 2-101 所示。一般用中性层位置系数 x_0 表示中性层半径：ρ

$$\rho=r+x_0t$$

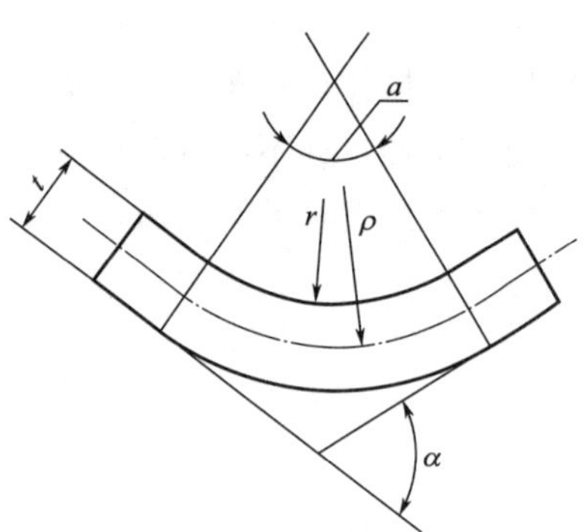

图 2-101 弯曲与弯曲中心角

表 2-11 列出了中性层位置系数 x_0 的数值。当 $r/t\geqslant16$ 时，中性层与几何中心层重合。在一般情况下，为简化计算，当 $r/t\geqslant8$ 时，即可按 $x_0=0.5$ 进行计算。

表 2-11 弯曲工件的中性层位置系数 x_0

r/t	0.25	0.5	1	2	3	4	5	6	7	8	10	12	14	≥16
x_0	0.2	0.25	0.3	0.35	0.37	0.4	0.41	0.43	0.44	0.45	0.46	0.48	0.49	0.5

弯曲工件坯料在圆弧部分的中性层长度可按下列公式计算：

$$A=\pi(r+x_0t)\frac{\alpha}{180}$$

式中 A——圆弧部分中性层长度，mm；

r——内弯曲半径，mm；

x_0——中性层位置系数；

t——材料厚度，mm；

α——弯曲中心角，(°)。

2. 弯曲方法

弯曲方法有冷弯和热弯两种。在常温下进行的弯曲叫冷弯；对于厚度大于 5mm 的板料以及直径较大的棒料和管子等，通常要将工件加热后再进行弯曲，即热弯。

(1) 板料在厚度方向上的弯曲

小的工件可在台虎钳上进行弯曲。先在弯曲的地方划好线，然后把工件夹在台虎钳上，并使弯曲线和钳口平齐，在接近划线处锤击；或用木垫与铁垫垫住再敲击垫块，如图 2-102

(a) 所示。如果台虎钳的钳口比工件短，那么可用角铁制作的夹具来夹持工件，如图 2-102 (b) 所示。

图 2-102 板料在厚度方向上的弯曲

(2) 板料在宽度方向上的弯曲

如图 2-103(a) 所示，利用金属材料的延伸性能，在弯曲的外弯部分进行锤击，以使材料向一个方向渐渐延伸，并达到弯曲的目的。较窄的板料可在 V 形铁或特制弯形模上用锤击法使工件变形，如图 2-103(b) 所示。另外，还可在简单的弯曲工具上进行弯曲，如图 2-103(c) 所示。

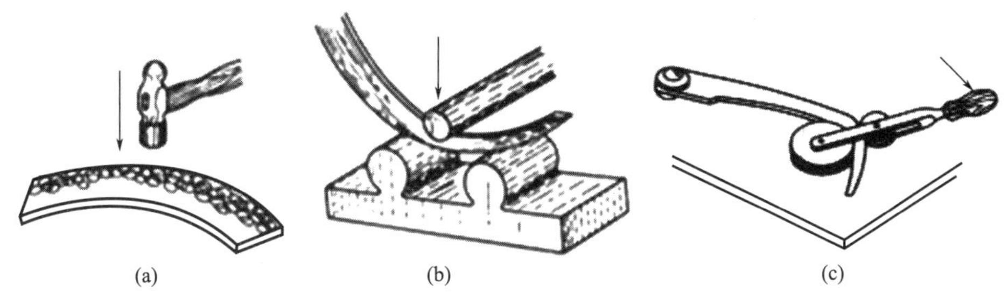

图 2-103 板料在宽度方向上的弯曲

(3) 管子的弯曲

若管子直径在 ϕ12mm 以下，则可以用冷弯方法；若直径大于 ϕ12mm，则采用热弯方法。管子弯曲的临界半径必须是管子直径的 4 倍以上。当管子直径在 ϕ10mm 以上时，为防止管子被弯瘪，可在管内灌满干沙，两端用木塞塞紧。

三、铆接

用铆钉连接两个或两个以上零件或构件的操作方法，称为铆接。

铆接具有操作简单、连接可靠、抗振和耐冲击等特点，目前在机器和工具制造等方面，仍有较多的使用。

1. 铆接的过程

铆接的过程是：先将铆钉插入被铆接工件的孔内，并且铆钉原头紧贴工件的表面，再将铆钉杆的一端镦粗而成为铆合头。

2. 铆接种类

（1）按铆接的使用要求不同分类

① 活动铆接，活动铆接的结合部分可以相互转动，例如内外卡钳、划规等。

② 固定铆接，固定铆接的结合部分是固定不动的。这种铆接按用途和要求不同，还可分为强固铆接、强密铆接和紧密铆接。

（2）按铆接方法不同分类

① 冷铆，冷铆是指铆接时，铆钉不需要加热，直接镦出铆合头。直径在 ϕ8mm 以下的钢制铆钉都可以用冷铆。在采用冷铆时，铆钉的材料必须具有较高的塑性。

② 热铆，热铆是指把整个铆钉加热到一定温度，然后再铆接。因铆钉受热后塑性好，容易成型，而且冷却后铆钉杆收缩，还可加大结合强度。在热铆时，要把铆钉孔直径放大 0.5～1mm，以使铆钉在热态时容易插入。直径大于 ϕ8mm 的钢铆钉多用于热铆。

③ 混合铆，混合铆是指在铆接时，只把铆钉的铆合头端部加热。对于细长的铆钉，若采用这种方法，则可以避免铆接时铆钉杆弯曲。

3. 铆接工具

铆接时用到的主要工具包括锤子、压紧冲头、罩模和顶模，如图 2-104 所示。锤子多用圆头。压紧冲头用于当铆钉插入孔内后压紧被铆工件。罩模和顶模都有半圆形的凹球面，经淬火和抛光，按照铆钉的半圆头尺寸制成。罩模是罩制半圆头的；顶模夹在台虎钳内，作铆钉头的支承。

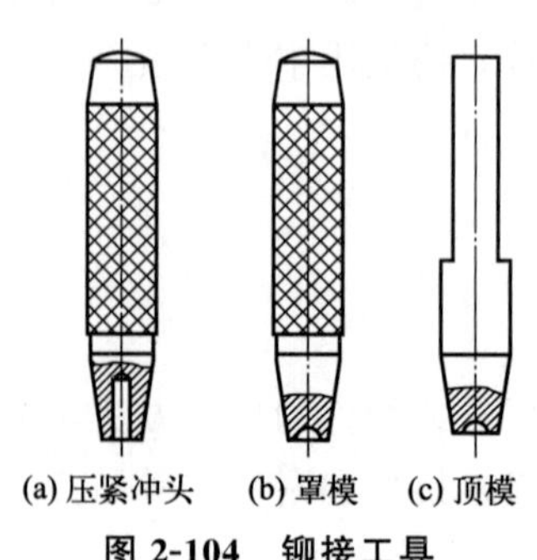

(a) 压紧冲头　(b) 罩模　(c) 顶模

图 2-104　铆接工具

4. 铆钉种类

铆钉按形状可分为半圆头铆钉、沉头铆钉、平头铆钉、半圆沉头铆钉、管状空心铆钉和皮带铆钉等，如图 2-105 所示。

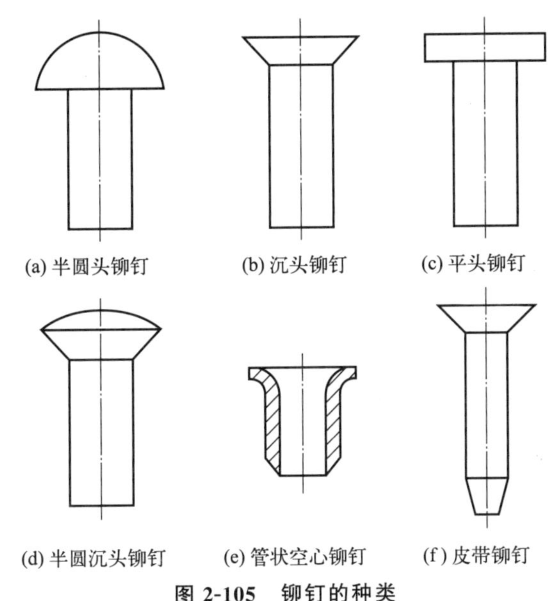

图 2-105 铆钉的种类

5. 铆钉长度的确定

铆钉在工作中承受剪力，因此它的直径是由铆接强度决定的，一般直径采用被连接板厚的 1.8 倍。标准铆钉的直径可参考有关手册。

铆接时铆钉所需长度，除了被铆接件的总厚度 s 外，还要为铆合头留出足够的长度 l。因此，半圆头铆钉铆合头所需长度，应为圆整后铆钉直径的 1.25～1.5 倍；沉头铆钉铆合头所需长度应为圆整后铆钉直径的 0.8～1.2 倍。铆钉尺寸计算如图 2-106 所示。

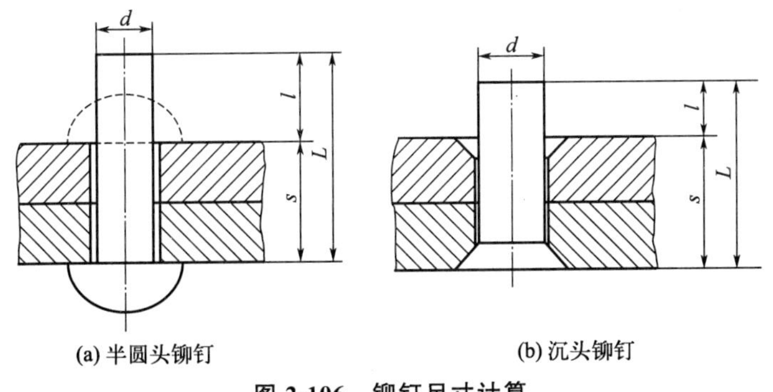

图 2-106 铆钉尺寸计算

6. 半圆头铆钉的铆接方法

把铆合件彼此贴合，划线、钻孔、铰孔、倒角，并去毛刺，然后插入铆钉。把铆钉原头放在顶模内，用压紧冲头压紧板料，如图 2-107(a) 所示，再用手锤镦粗铆钉的伸出部分，如图 2-107(b) 所示；将四周锤打成型，如图 2-107(c) 所示；最后用罩模修整，如图 2-107(d) 所示。

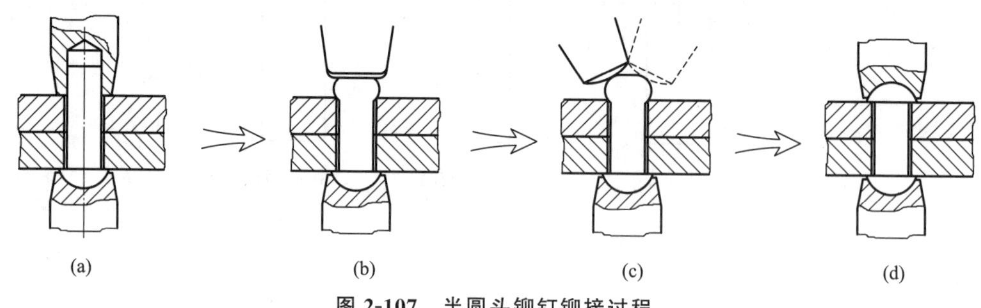

图 2-107 半圆头铆钉铆接过程

在制作活动铆接时，要经常检查活动情况，如发现太紧，可把铆钉原头垫在有孔的垫铁上，锤击铆合头，使其活动。

项目三
钳工综合实践操作

任务1　鸭嘴锤的制作

任务2　俄罗斯方块的制作

任务3　台虎钳的拆装

任务4　圆柱齿轮减速器的拆装

任务 1　鸭嘴锤的制作

【任务目标】

1. 初步了解钳工的工作任务、要求。
2. 掌握钳工的基本操作技能。
3. 会选用钳工常用的工具、量具、刃具及设备。
4. 初步掌握钳工制作工艺的制定方法。

【任务布置】

根据图 3-1、图 3-2 所示鸭嘴锤的立体图和零件图及其技术要求，正确选用制作鸭嘴锤所需的工具、量具、刃具及设备，制订制作工艺，制作出合格的鸭嘴锤。

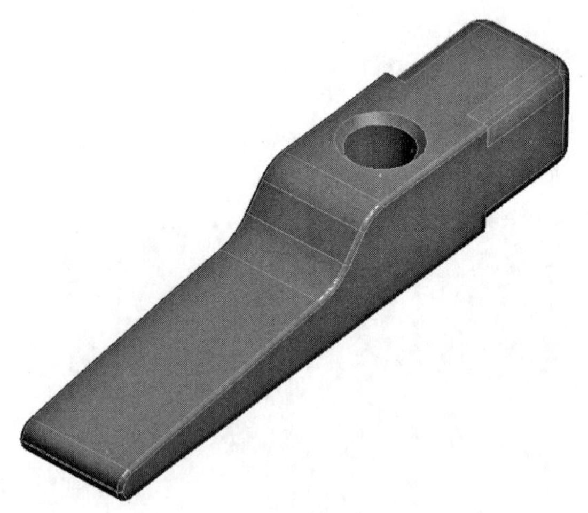

图 3-1　鸭嘴锤立体图

【任务分析】

鸭嘴锤的制作关键技术是划线、锯削、锉削、钻孔和攻螺纹，掌握正确的操作方法和技能是完成本任务的基本要求。

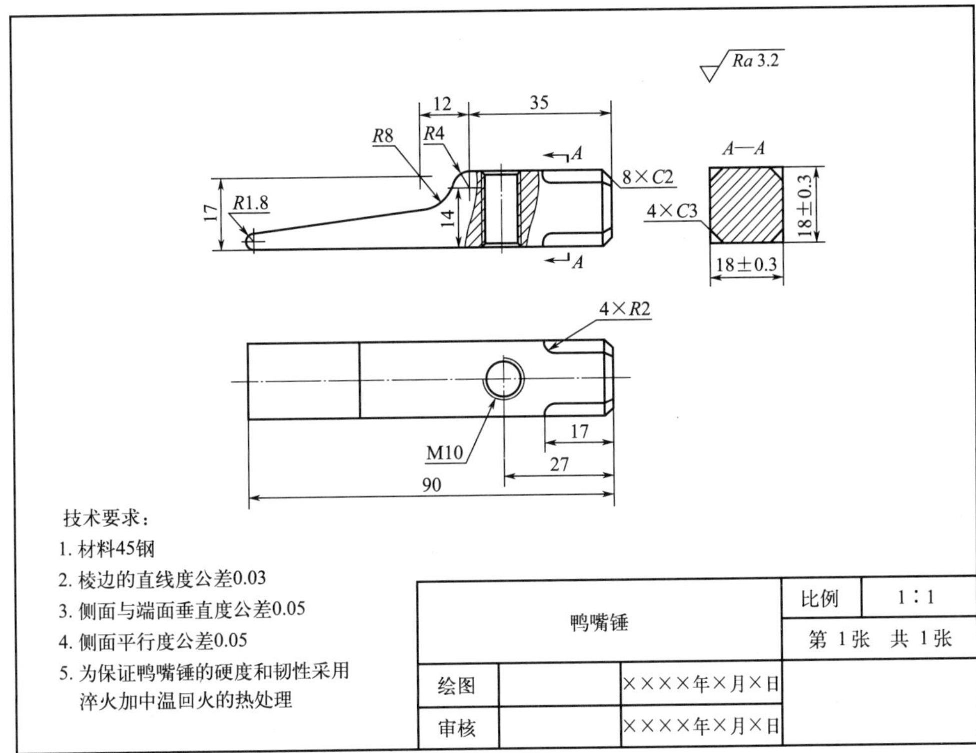

图 3-2　鸭嘴锤零件图

【任务实施】

一、准备工作

工作时必须穿好工作服，袖口、衣服扣要扣好，要做到三紧（袖口紧、领口紧、下摆紧）。女生不允许穿凉鞋、高跟鞋，并戴好工作帽。

二、鸭嘴锤制作的具体步骤

(1)检查来料尺寸，保证大于 18mm×18mm×92mm	

续表

(2)按图样要求锉出 18mm×18mm×92mm 长方体	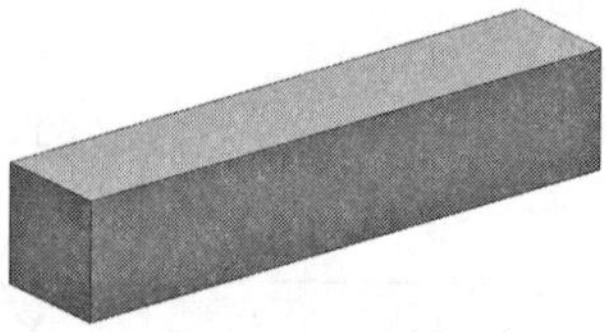
(3)以长面为基准锉一端面,达到基本垂直,表面粗糙度 $Ra\leqslant 3.2$	(图略)
(4)以一长面及端面为基准,划出形体加工线(两面都划出),并按图样尺寸划出 4×C3 倒角加工线	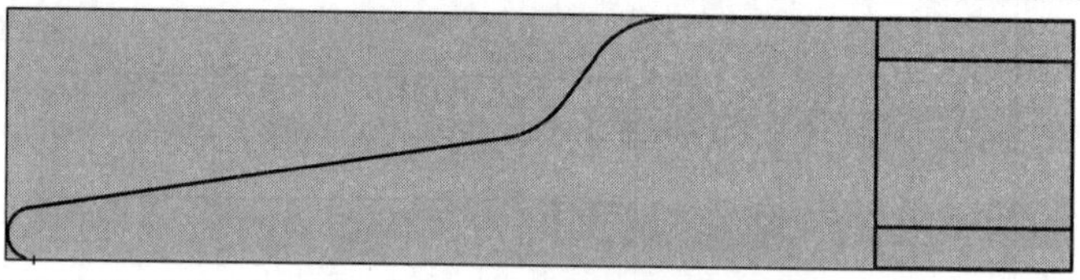
(5)锉 4 个 C3 倒角,达到要求	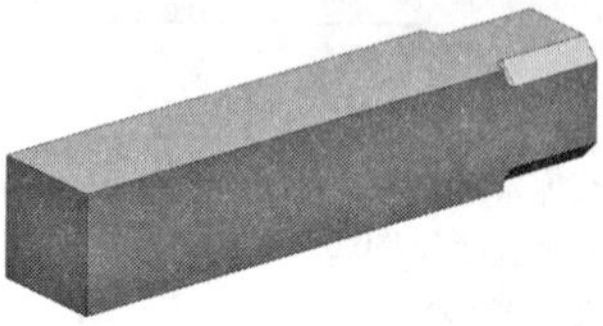
(6)按零件图尺寸划出腰孔加工线,打样冲眼,并用 $\phi 8.5$ 钻头钻孔	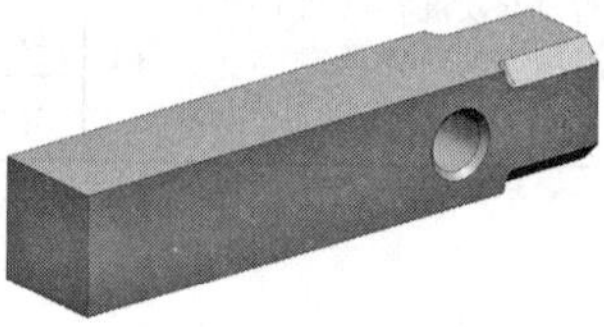
(7)在 R8 圆心下方 5mm 处划出圆心标记打样冲眼,并加工 $\phi 6$ 孔(该孔为工艺孔)。用手锯按加工线锯去多余部分(放锉削余量)	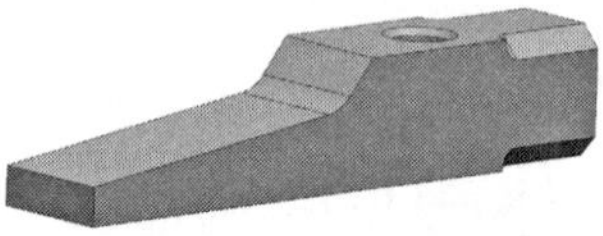
(8)用半圆锉按线粗锉 R8 内圆弧面,用板锉粗锉与 R8 内圆弧相切的长斜面。用板锉粗锉 R4 圆弧及短相切面。用半圆锉细锉 R8 内圆弧面,细板锉精锉长斜面、短相切面及 R4 外圆弧,最后用细板锉及半圆锉进行推锉修整,达到各形面连接圆滑、光洁、纹理齐正	
(9)锉 R1.8 圆头,并保证工件总长 90	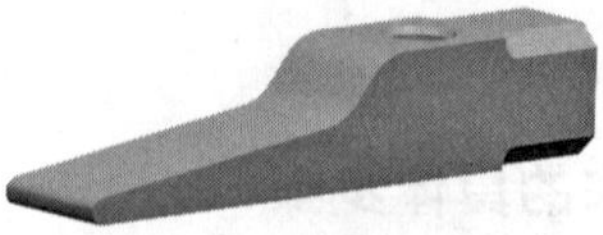
(10)八角端部棱边倒角 C2	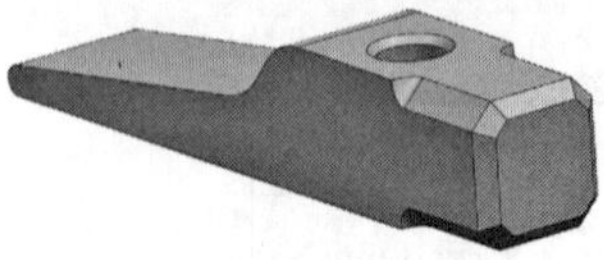
(11)用砂布将各加工面全部打光,交件待验	(图略)

【成绩评定】

鸭嘴锤零件质量检测表

序号	检测项目	配分	评分标准	检测结果	得分
1	棱边的直线度	10	符合要求得分		
2	侧面及端面垂直度	15	符合要求得分		
3	侧面平行	10	符合要求得分		
4	粗糙度 $Ra3.2$	10	每处降一级扣2分		
5	关键尺寸18×18、90、27	20	符合要求得分		
6	$R8$、$R4$、4个$R2$	10	每处不合格扣2分，扣完为止		
7	4个$C3$倒角，8个$C2$倒角	5	符合要求得分		
8	钻孔、攻丝M10	15	符合要求得分		
9	锉圆弧$R1.8$	5	符合要求得分		
合计		100	得分		

任务 2 俄罗斯方块的制作

【任务目标】

1. 了解锉配的定义。
2. 熟悉锉配的特点。
3. 学会正确安装和使用杠杆百分表。
4. 了解杠杆百分表安全使用注意事项。
5. 掌握用百分表测量平面度、对称度的方法。
6. 掌握基本形体的测量方法及操作要点。

【任务布置】

根据图 3-3、图 3-4 所示的俄罗斯方块零件图、装配图及其技术要求，正确选用制作俄罗斯方块所需的工具、量具、刃具及设备，制订制作工艺，制作出合格的俄罗斯方块产品。

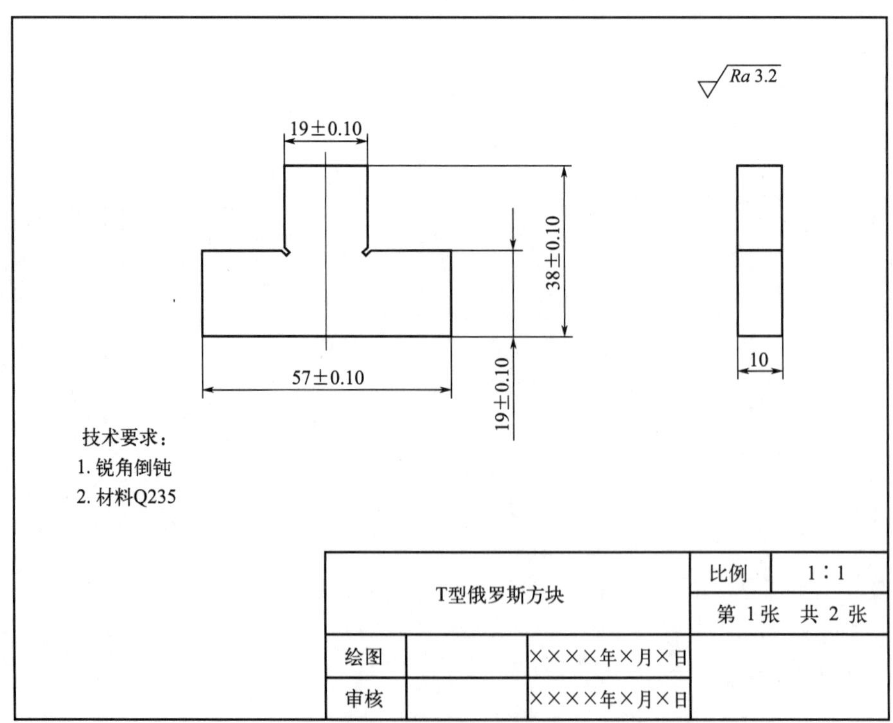

图 3-3 俄罗斯方块零件图

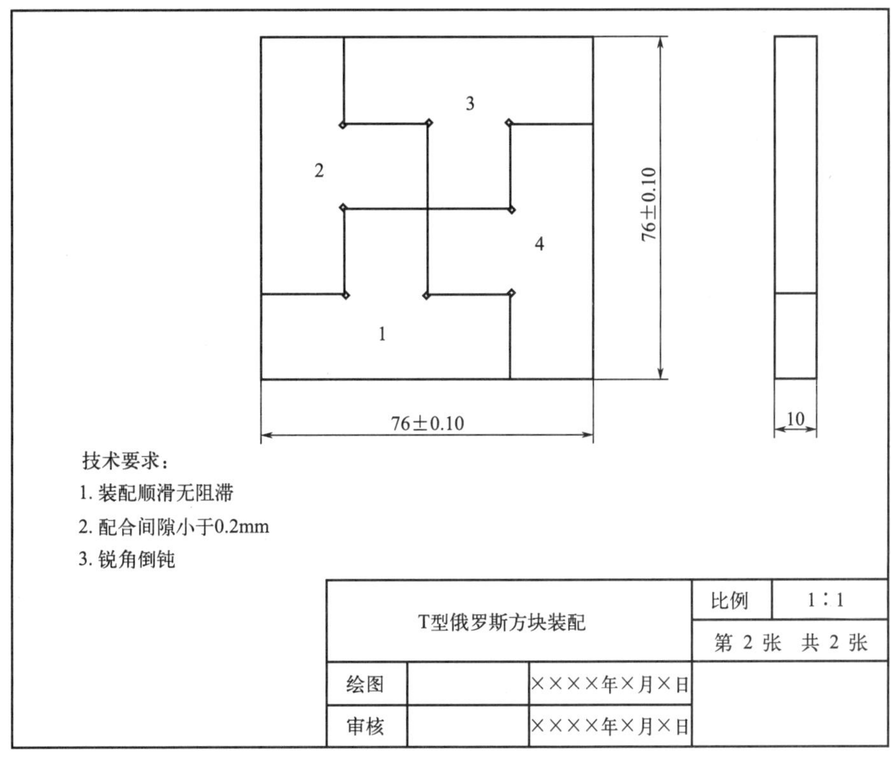

图 3-4　俄罗斯方块装配图

【任务分析】

俄罗斯方块制作的关键技术是划线、锯削和锉削。掌握正确的划线方法和正确的技术是完成本任务的基本要求。

【任务实施】

一、俄罗斯方块加工工艺

步骤	图示
(1)下料保证尺寸大于 58×38	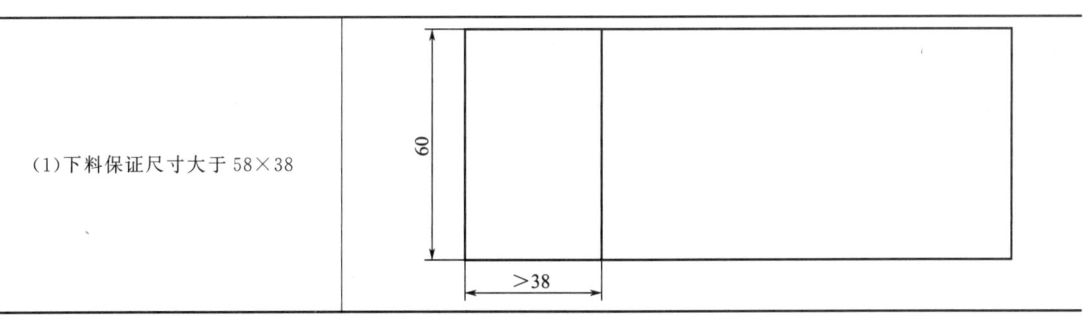

续表

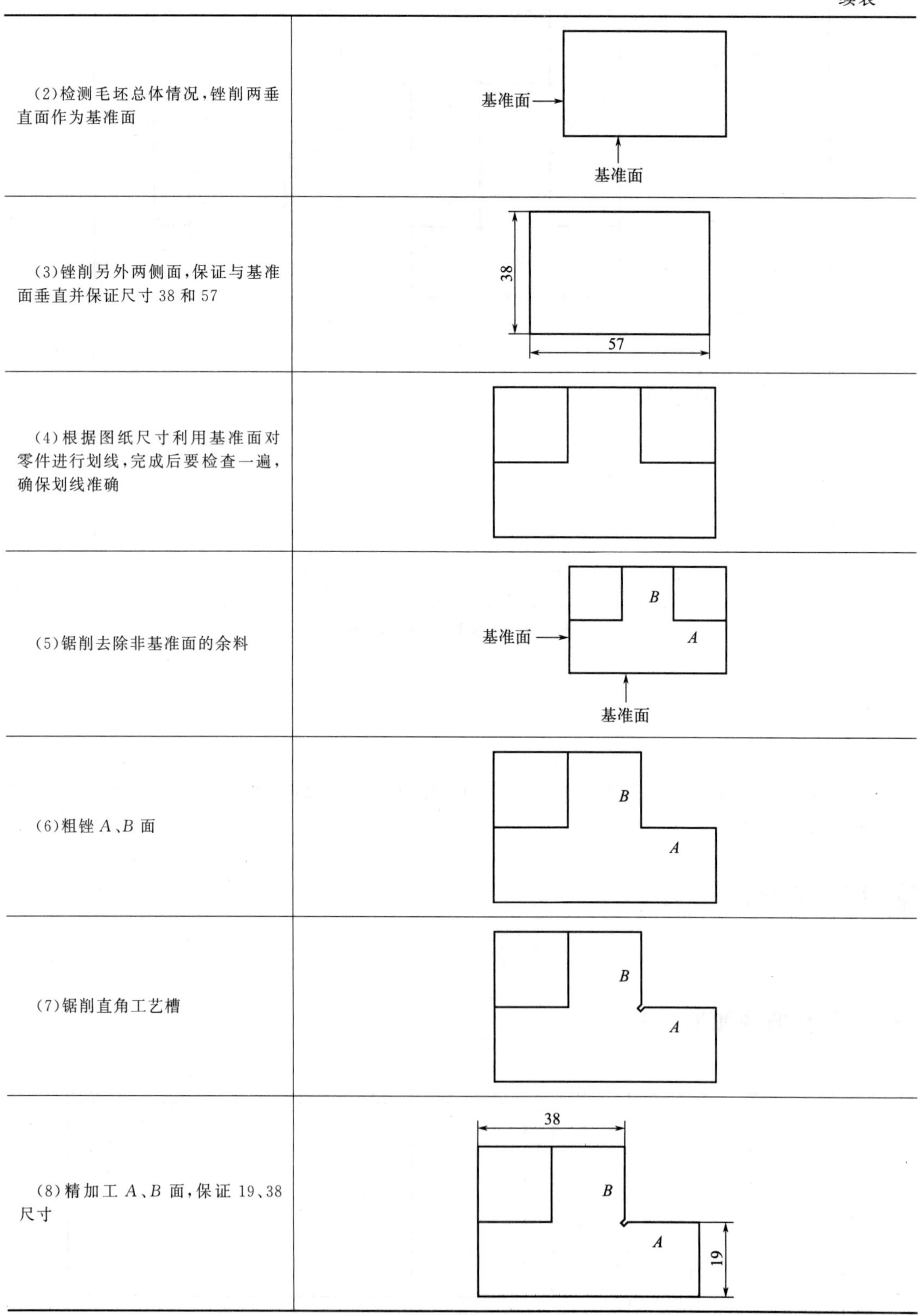

(2)检测毛坯总体情况，锉削两垂直面作为基准面	
(3)锉削另外两侧面，保证与基准面垂直并保证尺寸 38 和 57	
(4)根据图纸尺寸利用基准面对零件进行划线，完成后要检查一遍，确保划线准确	
(5)锯削去除非基准面的余料	
(6)粗锉 *A*、*B* 面	
(7)锯削直角工艺槽	
(8)精加工 *A*、*B* 面，保证 19、38 尺寸	

续表

(9)锯削去除另一边余料	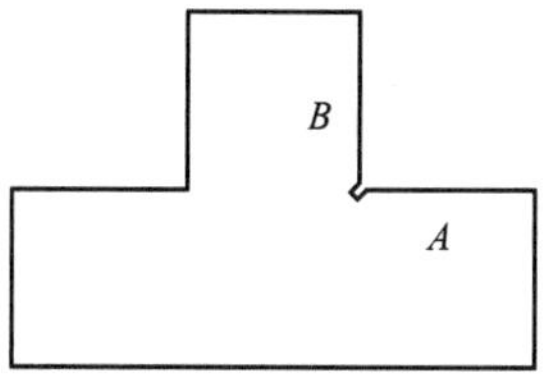
(10)粗加工 *C*、*D* 面	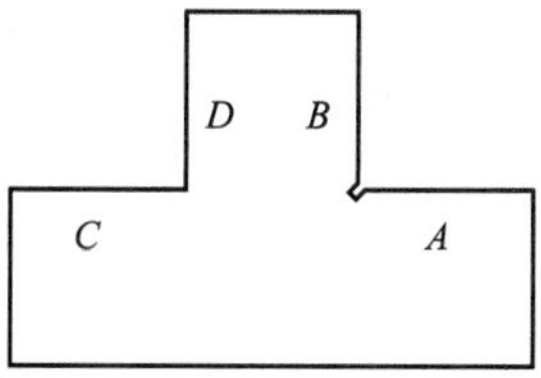
(11)锯削直角工艺槽	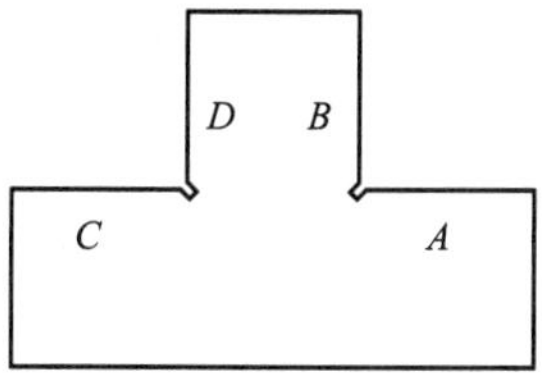
(12)精加工 *C*、*D* 面，保证 19、19 尺寸	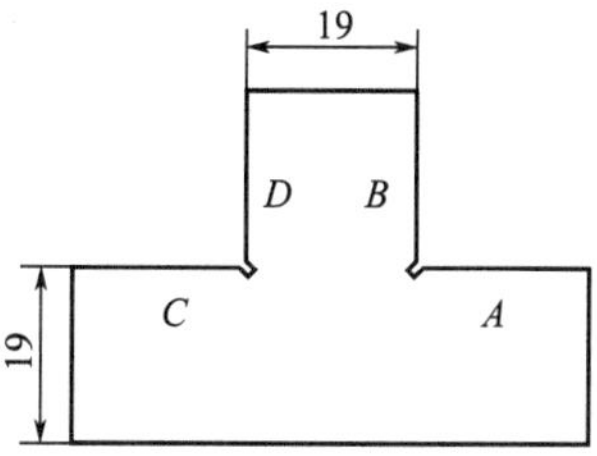
(13)整个零件检测一遍	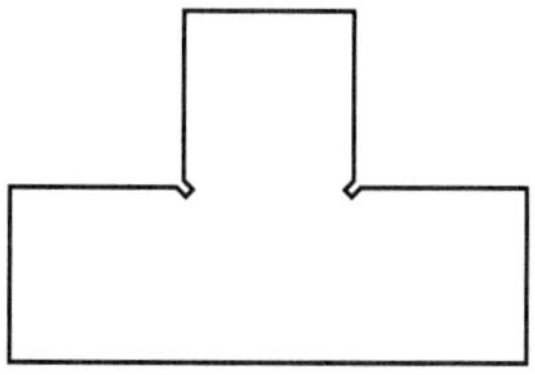
(14)去除毛刺	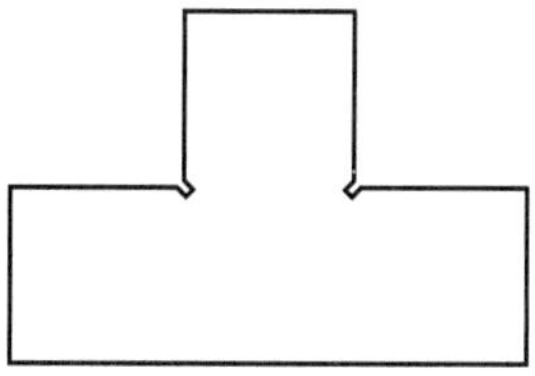

二、零件装配

俄罗斯方块的装配流程如图 3-5 所示。

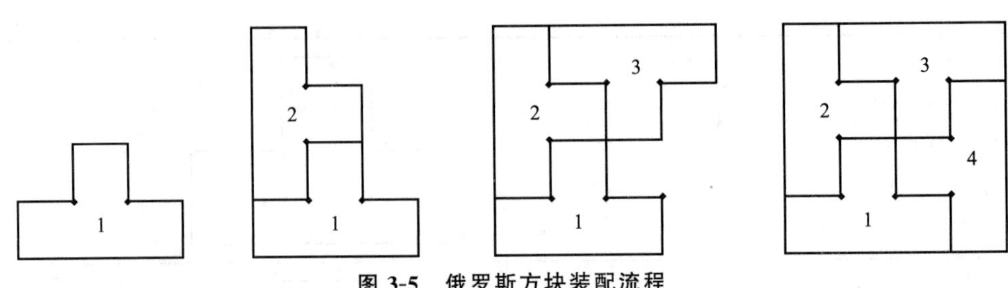

图 3-5 俄罗斯方块装配流程

装配注意事项：

① 检测各工件加工后的尺寸精度，对未达标工件应及时修整，并去除毛刺。

② 熟悉装配图、工艺及要求。

③ 给所有工件进行编号，如图 3-5 所示。

④ 参照装配流程图进行俄罗斯方块的装配，注意各工件之间的装配关系。

⑤ 如不能按要求顺利装配或配合精度不达标，应对相应工件进行调整，然后再次装配。

⑥ 装配完成后，应对照图 3-4 检测各配合尺寸。

⑦ 整理工作场地。

【成绩评定】

俄罗斯方块零件质量检测表

序号	检测项目	配分	评分标准	检测结果	得分
1	长 57	10	符合要求得分		
2	宽 38	10	符合要求得分		
3	高 10	10	符合要求得分		
4	长 19	10	符合要求得分		
5	宽 19 两处	20	符合要求得分		
6	平面度	10	每处不合格扣 2 分		
7	粗糙度 $Ra3.2$	10	每处粗糙度降一级扣 2 分		
8	配合长 76	10	符合要求得分		
9	配合宽 76	10	符合要求得分		
合计		100	得分		

任务 3　台虎钳的拆装

【任务目标】

1. 了解台虎钳的结构和主要零部件。
2. 熟悉台虎钳夹紧原理。
3. 熟悉拆装工具的使用。
4. 熟悉台虎钳的拆卸和装配过程。

【任务布置】

了解台虎钳的结构、各零件作用及装配关系。按顺序拆卸台虎钳，并合理选用拆卸工具。

【任务分析】

台虎钳是用来夹持工件的通用夹具，装在工作台上，以夹稳加工工件，为钳工车间必备工具。它由钳体、底座、导螺母、丝杆、钳口等组成。台虎钳在拆卸时，要注意爱护设备和工具，妥善保管拆卸下的零件，不得损坏和丢失。

【任务实施】

一、台虎钳拆装常用的工具

拆装台虎钳所需要的工具

序号	名称	型号及规格	数量
1	活动扳手	250mm	2
2	毛刷	—	1
3	零件盒	—	1
4	尖嘴钳	—	1

续表

序号	名称	型号及规格	数量
5	黄油	4	1
6	润滑油	20#	1
7	内六角扳手	5mm,6mm,8mm	各 1

二、台虎钳拆卸步骤

1. 工作准备

① 熟悉拆装任务；
② 检查工具完备情况。

2. 台虎钳拆卸步骤

1		准备台虎钳及拆装工具
2		旋转手柄使活动钳身向外移动
3		运动到终点，拆卸活动钳身

续表

4		拆卸挡圈和弹簧
5		拆卸固定螺栓
6		把拆卸的固定螺栓放到指定位置
7		拆卸固定钳身
8		拆卸活动钳口
9		螺母和钳口放入指定位置

续表

10	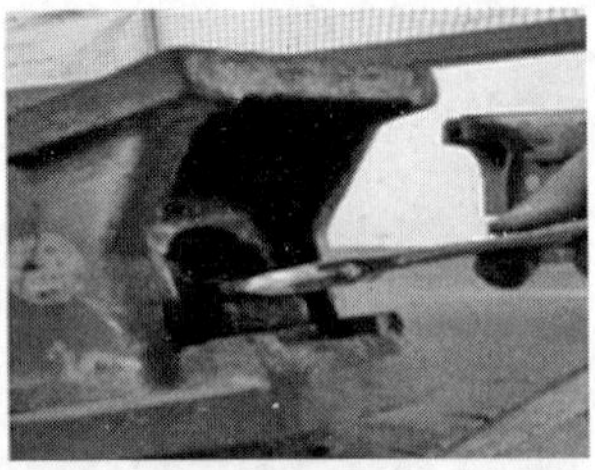	用活动扳手拆卸螺母
11		将螺母放好
12		取出零件
13	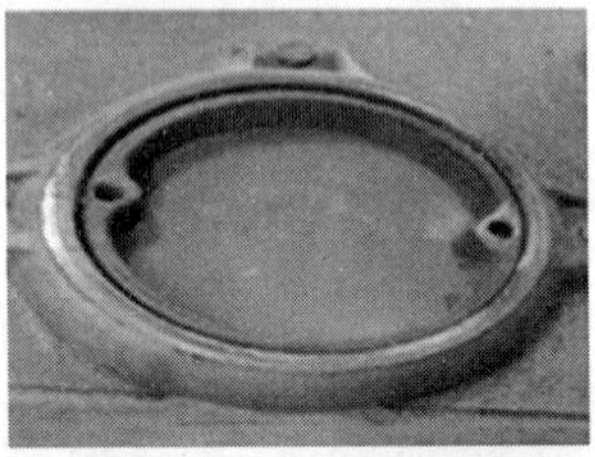	拆卸底座
14		将夹紧盘、转盘分离
15		零件分类放好

3. 安装顺序

安装顺序与拆卸顺序相反。

4. 注意事项

① 台虎钳安装时，必须使固定钳身的钳口一部分处在钳台边缘外，保持夹持长条形工件时，工件不受钳台边缘的阻碍。

② 台虎钳要牢固地固定在钳台上，两个压紧螺钉必须拧紧，使虎钳钳身加工时没有松动现象，否则会影响加工甚至损坏虎钳。

③ 在夹紧工件时必须用手的力量扳动手柄，绝不许借助锤子和套筒扳手扳动手柄，以免丝杆、螺母、钳身损坏。

④ 不能在钳口上敲击工件，否则会损坏钳口。

⑤ 丝杆、螺母等的滑动表面要经常保持清洁，并加油润滑。

【成绩评定】

成绩评定表

序号	检测项目	配分	评分标准	检测结果	得分
1	理论知识	10	了解台虎钳丝杆螺纹的参数及台虎钳正确使用规范		
2	实践操作	20	拆台虎钳(拆卸顺序正确,零件排列有序)		
		20	清理台虎钳部件(各部件清洗干净,丝杆、螺母涂润滑油,所有螺钉涂防锈油后安装)		
		20	装台虎钳(安装后,使用要灵活)		
3	安全文明	5	遵守操作规程		
		5	“5S”整理		
		5	职业化素养		
4	学习态度	5	考勤情况		
		5	遵守纪律		
		5	团队协作		
合计		100	得分		

任务 4　圆柱齿轮减速器的拆装

【任务目标】

1. 了解圆柱齿轮减速器的结构和主要零部件。
2. 熟悉圆柱齿轮减速器的工作原理。
3. 熟悉拆装工具的使用。
4. 熟悉圆柱齿轮减速器的拆卸和装配过程。

【任务布置】

在了解圆柱齿轮减速器的结构、各零件作用及装配关系的基础上，通过简单零部件的拆装，提高自己的动手能力。要求按顺序拆卸圆柱齿轮减速器，并合理选用拆卸工具。

【任务分析】

减速器是一种由封闭在箱体内的齿轮、蜗轮、蜗杆等传动零件组成的，装在原动机和工作机之间用来改变轴的转速和转矩，以适应工作机需要的传动装置。由于减速器结构紧凑、传动效率高、使用维护方便，因而在工业中应用广泛。减速器常见类型有以下三种：圆柱齿轮减速器、锥齿轮减速器和蜗杆减速器。通过对圆柱齿轮减速器中某轴系部件的拆装与分析，了解轴上零件的定位方式、轴系与箱体的定位方式、轴承及其间隙调整方法、密封装置等。

【任务实施】

一、了解圆柱齿轮减速器的结构

圆柱齿轮减速器的结构随其类型和要求不同而异，其基本结构由箱体、轴系零件和附件三部分组成，具体如图 3-6 所示。

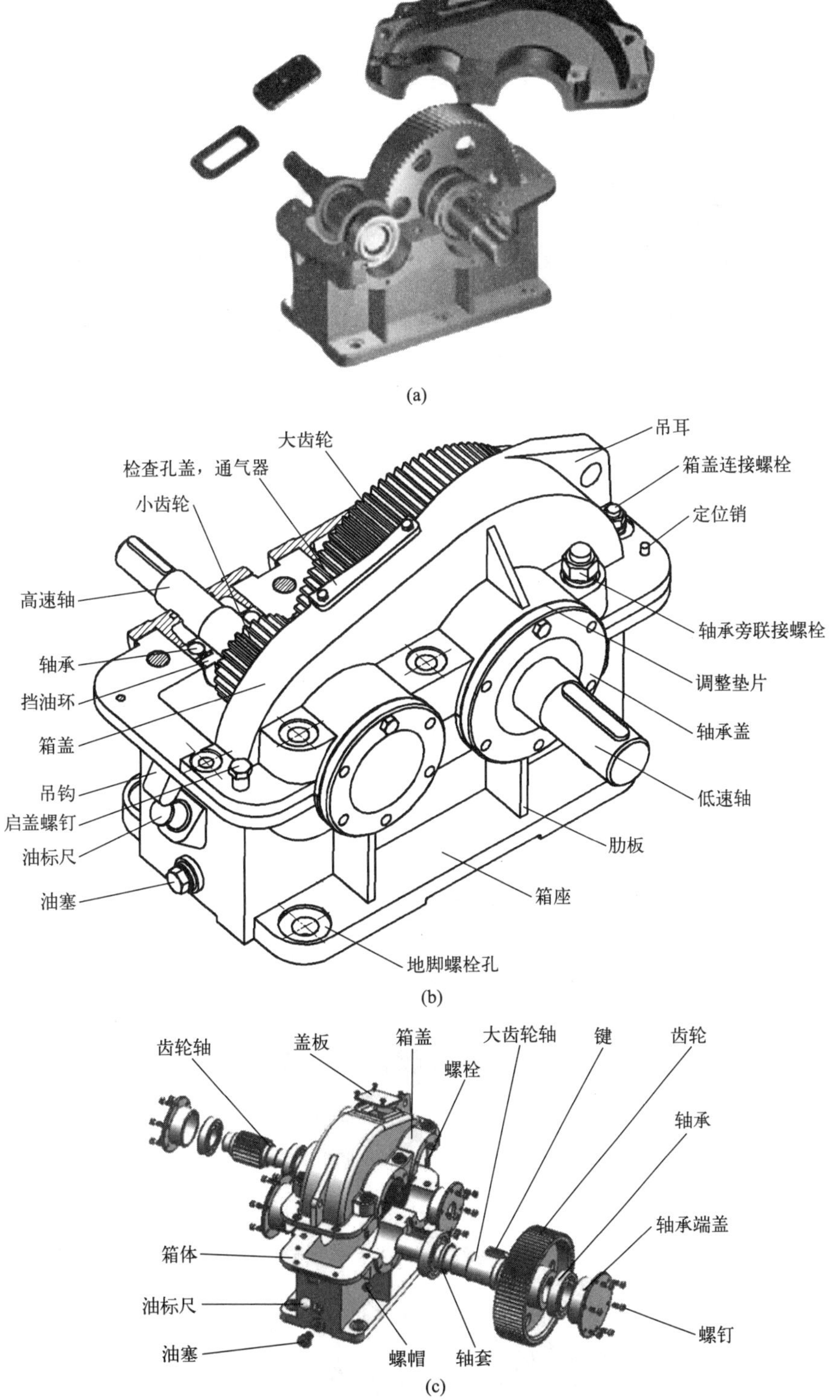

图 3-6 圆柱齿轮减速器的基本结构

1. 箱体结构

减速器的箱体分为上下两部分，主要起到承受轴上载荷、形成密闭空间的作用，如图 3-7 所示。

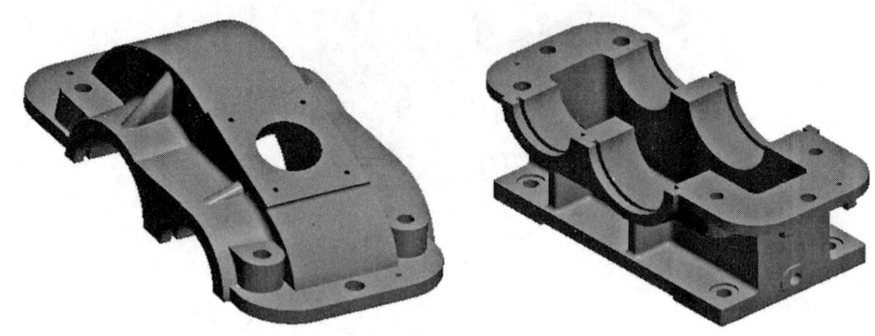

图 3-7 箱体结构

2. 轴系零件

减速器的轴系零件主要有轴、轴承、齿轮、键等，主要功能是直接支承回转零件，以实现回转运动并传递动力，如图 3-8 所示。

输入轴用来输入功率，承受一定的转矩和弯矩。考虑到齿轮的强度、轴的强度和刚度，通常把齿轮和输入轴做成一整体。

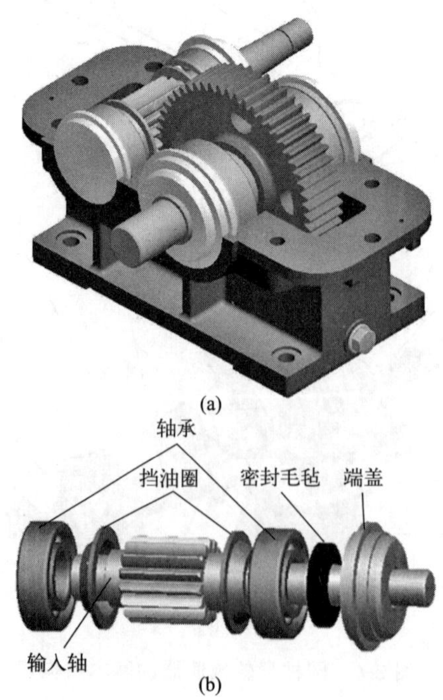

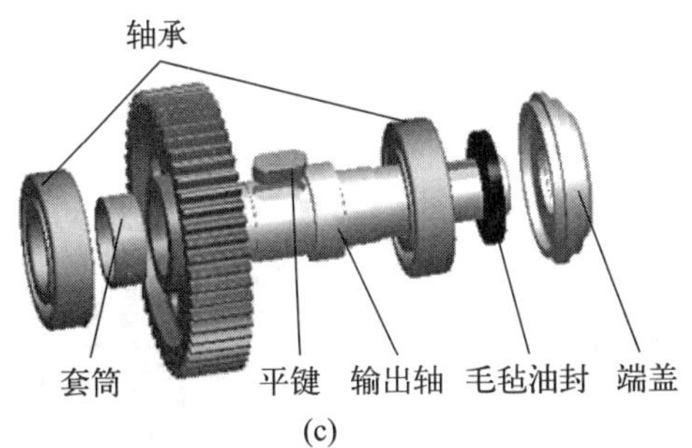

(c)

图 3-8 轴系零件

输出轴用来输出功率，承受较大的转矩和弯矩，输出轴上的零件用平键和台阶实现周向和轴向定位。

3. 减速器附件

减速器附件主要有检查孔盖、定位销通气器、轴承端盖等，如图 3-9 所示。

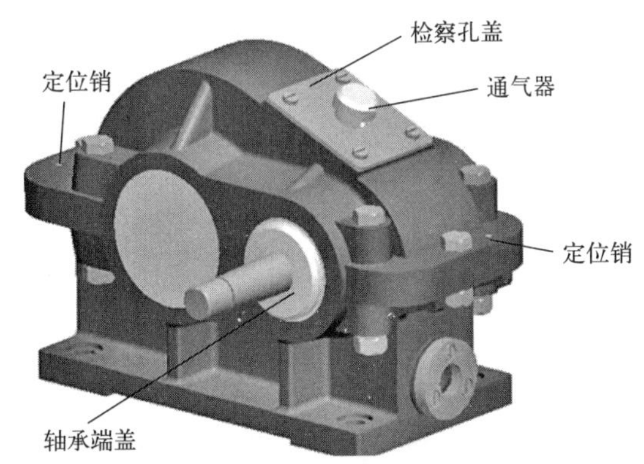

图 3-9 减速器附件

为了检查传动零件的啮合情况，在箱盖的适当位置设置一检查孔，检查孔多为长方形，检查孔盖平时用螺钉固定在箱盖上，盖板下垫有密封垫片，以防漏油，如图 3-10 所示。

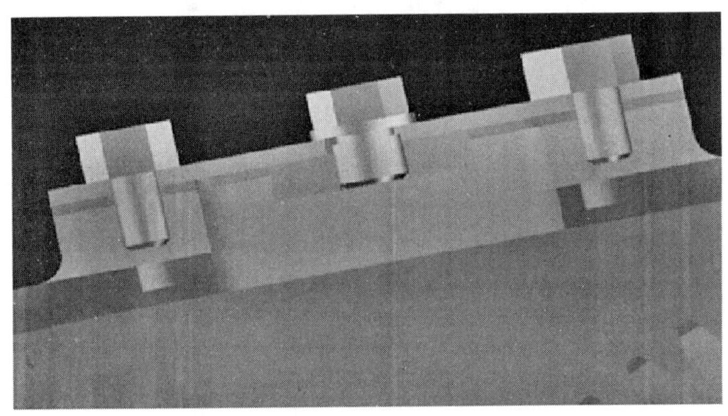
图 3-10 检查孔盖

通气器用来连通箱体内外的气流，使箱体内的气压不会因减速器运转时油温升高而增大，从而提高了箱体分箱面、轴伸端缝隙处的密封性能，通气器多装在箱盖顶部或检查孔盖上，如图 3-11 所示。

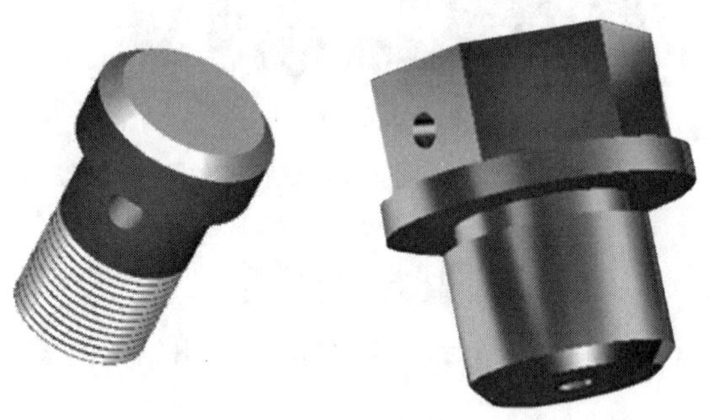

图 3-11 通气器

为了检查箱体内的油面高度，及时补充润滑油，应在油箱便于观察的部位装设油标尺，如图 3-12 所示。

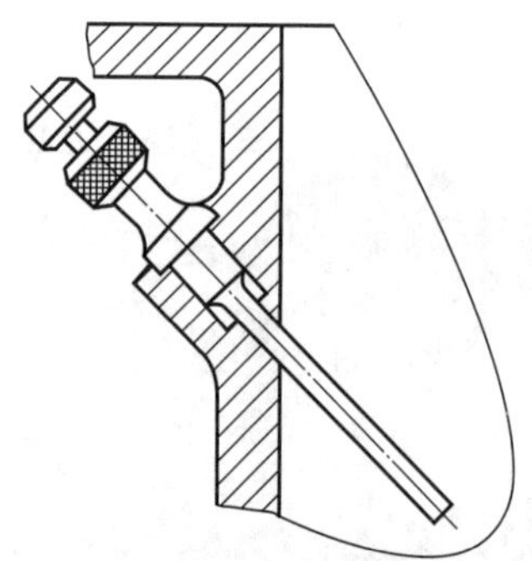

图 3-12 油标尺

换油时，为了排放污油和清洗剂，应在箱体底部的油池最低位置开设放油孔，平时放油孔用油塞旋紧，油塞和箱体结合面之间应加防漏垫圈，如图 3-13 所示。

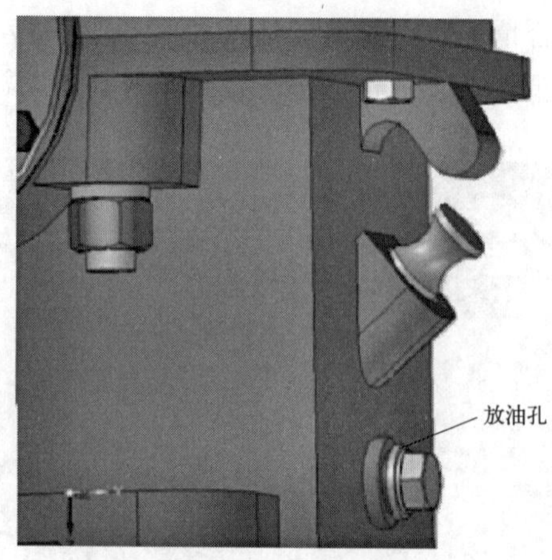

图 3-13 放油螺塞

减速器箱盖上铸有两个吊耳，用于起吊箱盖；箱座上铸有两个吊钩，用于吊运整台减速器，如图 3-14 所示。

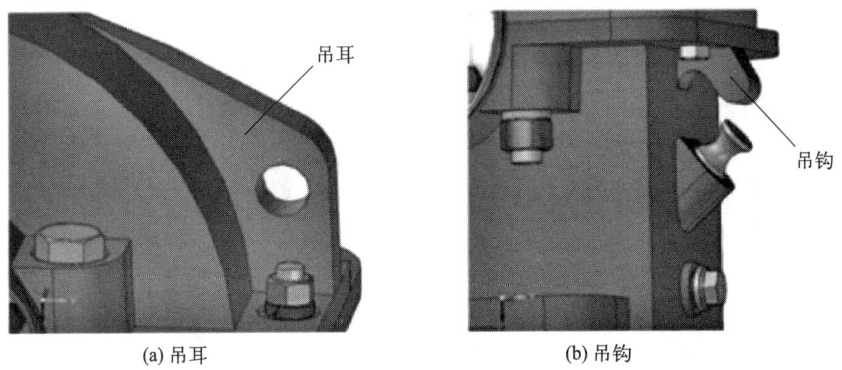

(a) 吊耳　　(b) 吊钩

图 3-14　起吊装置

为保证箱体在拆装时仍能保持轴承座孔制造加工时的精度；在精加工轴承座孔以前，在上箱体和下箱体的联接凸缘上配装定位销。定位销通常为圆锥形，如图 3-15 所示。

图 3-15　定位销

二、圆柱齿轮减速器拆装所需的工具

① 活动扳手，如图 3-16 所示。

② 旋具，如图 3-17 所示。

图 3-16　活动扳手

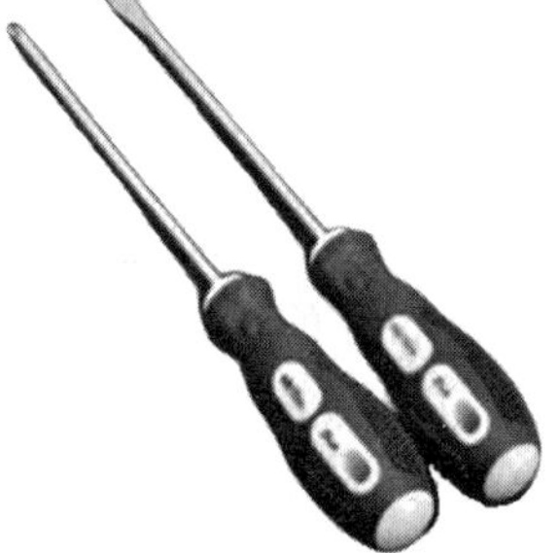

图 3-17　旋具

③ 铜棒，如图 3-18 所示。

④ 拉马器，如图 3-19 所示。

图 3-18 铜棒

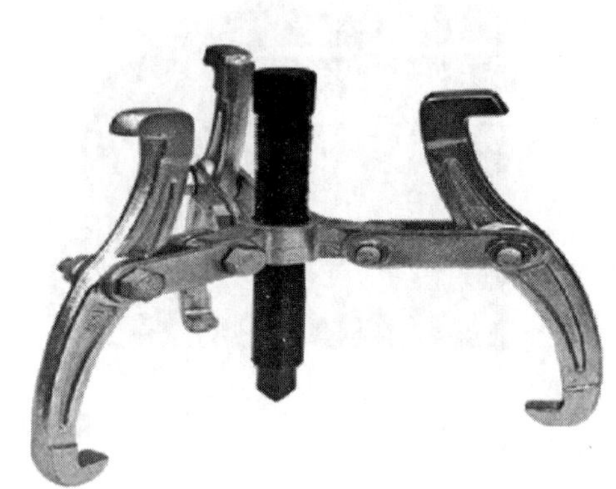

图 3-19 拉马器

⑤ 锤子，如图 3-20 所示。

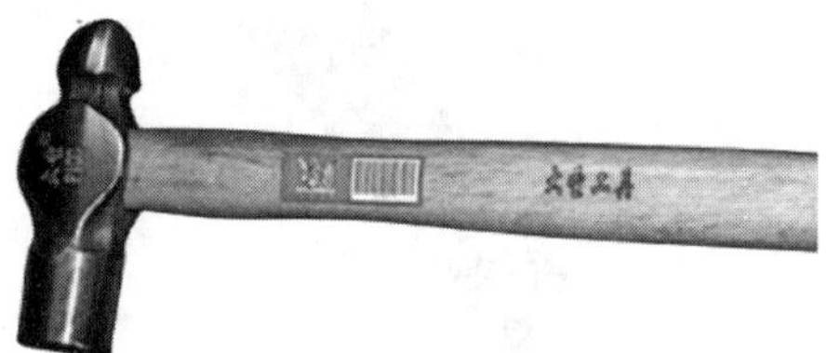

图 3-20 锤子

三、圆柱齿轮减速器的拆装

（1）观察减速器的结构。

（2）观察外形，用手来回推动减速器的输入、输出轴，体会轴向窜动。

（3）打开检查孔盖，转动高速轴，观察齿轮的啮合情况。注意观察了解检查孔开设的位置及尺寸大小、通气器的结构及特点、螺栓凸台位置、轴承座加强筋的位置及结构、吊耳及吊钩的型式、减速器箱体的铸造工艺特点以及加工方法。特别要注意观察箱体与轴承盖结合面的凸台结构。

（4）拆卸上箱体，拔除减速器箱体上的定位销；旋下轴承端盖上的螺栓，取下轴承端盖和垫片；旋下上下箱体的联接螺栓；使用起吊装置吊起上箱体。

（5）观察减速器内部结构，制订减速器拆装与维护的方案。

（6）观察箱体内轴及轴系零件的结构、各零部件间的相对位置。

（7）逐级拆卸轴上的轴承、齿轮等部件，观察轴的结构，了解轴的安装、拆卸、固定方法。

(8) 观察齿轮、轴承在轴上的定位方法，并完成减速器的拆装与维护。

(9) 总结减速器常见故障及维修工艺。

【成绩评定】

成绩评定表

序号	检测项目	配分	评分标准	检测结果	得分
1	理论知识	10	了解减速器的工作原理、结构和零件		
2	实践操作	20	减速器的拆卸顺序正确，零件排列有序		
		20	正确清理减速器部件，各部件清洗干净后安装		
		20	正确安装减速器，安装后使用要灵活		
3	安全文明	5	遵守操作规程		
		5	“5S”整理		
		5	职业化素养		
4	学习态度	5	考勤情况		
		5	遵守纪律		
		5	团队协作		
总分		100	得分		

参考文献

[1] 中华人民共和国人力资源和社会保障部. 国家职业技能标准：工具钳工［M]. 北京：中国劳动社会保障出版社，2009.

[2] 中华人民共和国人力资源和社会保障部. 国家职业技能标准：装配钳工［M]. 北京：中国劳动社会保障出版社，2009.

[3] 徐彬. 钳工技能鉴定考核试题库［M]. 2版. 北京：机械工业出版社，2014.

[4] 童永华，冯忠伟. 钳工技能实训［M]. 4版. 北京：北京理工大学出版社，2018.

[5] 张国军，彭磊. 钳工技术及技能训练［M]. 2版. 北京：北京理工大学出版社，2020.

[6] 周波，汪明具. 钳工技术［M]. 北京：化学工业出版社，2020.

[7] 秦涵. 模具钳工［M]. 北京：机械工业出版社，2014.

[8] 付师星. 钳工技术［M]. 大连：大连理工大学出版社，2018.

[9] 张玉中，曹明，陈云峰. 钳工实训［M]. 北京：清华大学出版社，2015.

[10] 汪哲能. 钳工工艺与技能训练［M]. 2版. 北京：机械工业出版社，2018.

[11] 温上礁，王敏，周卫东. 钳工实训［M]. 成都：电子科技大学出版社，2014.

[12] 黄虹，张涛，黄鹰航. 钳工加工工艺及应用［M]. 北京：国防工业出版社，2011.

[13] 田大勇. 装配钳工实训指导［M]. 北京：化学工业出版社，2015.

[14] 郭家萍，于颖. 机械拆装与测绘［M]. 北京：机械工业出版社，2011.

[15] 冯忠伟，胡武军，耿建宝. 钳工实训［M]. 上海：同济大学出版社，2017.